COX 建筑师事务所

MILLENNIUM

MILLENNIUM丛书

COX 建筑师事务所

宋晔皓　霍晓卫　胡　林　译
周玉鹏　校

中国建筑工业出版社

著作权合同登记图字：01-2003-4471 号

图书在版编目(CIP)数据

COX建筑师事务所/澳大利亚Images出版公司编；宋晔皓等译．
北京：中国建筑工业出版社，2003
(MILLENNIUM丛书)
ISBN 7-112-04977-6

Ⅰ.C... Ⅱ.①澳... ②宋... Ⅲ.建筑设计－作品集－澳大利亚－现代 Ⅳ.TU206

中国版本图书馆CIP数据核字（2002）第091630号

Copyright © The Images Publishing Group Pty Ltd.

All rights reserved.Apart from any fair dealing for the purposes of private study,research, criticism or review as permitted under the Copyright Act, no part of this publication may be reproduced, stored in a retrieval system or transmitted in any form by any means, electronic,mechanical, photocopying,recording or otherwise,without the written permission of the publisher.
and the Chinese version of the books are solely distributed by China Architecture & Building Press

本套图书由澳大利亚Images出版集团有限公司授权翻译出版

本套译丛策划：张惠珍 程素荣
责任编辑：程素荣
责任设计：郑秋菊
责任校对：赵明霞

MILLENNIUM丛书
COX 建筑师事务所
宋晔皓 霍晓卫 胡 林 译
周玉鹏 校
＊
中国建筑工业出版社出版、发行(北京西郊百万庄)
新 华 书 店 经 销
北京嘉泰利德公司制版
东莞新扬印刷有限公司印刷
＊
开本：787×1092毫米 1/10
2004年4月第一版 2004年4月第一次印刷
定价：188.00元
ISBN 7-112-04977-6
TU・4439(10480)

版权所有 翻印必究
如有印装质量问题，可寄本社退换
(邮政编码 100037)
本社网址：http://www.china-abp.com.cn
网上书店：http://www.china-building.com.cn

目　录

9　四个十年：建筑学相关论文回顾

评论

30　体育
40　文化
50　教育
60　居住
68　医疗卫生
74　商务
82　零售业与娱乐
88　研究和技术
94　交通和市政设施
104　城市规划与设计

1995~2000年精选作品

118　悉尼大穹顶，悉尼，新南威尔士
124　悉尼展览馆竞技场，悉尼，新南威尔士
130　亚运会体育场和水上活动中心，曼谷，泰国
136　新加坡博览会，新加坡
144　凯恩斯会议中心，凯恩斯，昆士兰州
150　昆士兰热带博物馆，汤斯维尔，昆士兰州
156　尤里卡·施托克纪念中心，巴拉腊特，维多利亚
162　哈基特大厅，珀斯，西澳大利亚
164　西澳大利亚海军博物馆，弗里曼特尔，西澳大利亚
170　沃伯顿展览中心，沃伯顿，维多利亚
172　里奥廷托研发设施，墨尔本
176　索卡·加卡佛教中心，悉尼，新南威尔士
180　星城，悉尼，新南威尔士
190　捷斯中心，布里斯班，昆士兰州
194　布伦瑞克大街381号，布里斯班，昆士兰州
196　北湖销售与信息中心，布里斯班，昆士兰州
198　FHA图形设计公司，墨尔本，维多利亚
200　国家葡萄酒中心，阿德莱德，南澳大利亚
206　布里斯班南岸步行道和自行车桥，布里斯班，昆士兰州
210　亚历山德拉公主医院，布里斯班，昆士兰
216　采矿与工业学院，巴拉腊特，维多利亚
220　亚拉腊特TAFE，维多利亚
224　阿贡拉翻新，拉特罗布大学，班杜拉，维多利亚
226　第一菲格特里驱动器公司大楼，悉尼，新南威尔士
230　塞普里斯湖度假胜地，亨特谷，新南威尔士
232　科尔特斯特里姆山葡萄酒厂，亚拉山谷，维多利亚
234　剑桥镇市民中心，弗洛里厄特，西澳大利亚
238　斯旺酿酒厂再开发，珀斯，西澳大利亚
242　韦甘尼法院综合体，莫尔兹比港，巴布亚新几内亚
246　墨尔本码头区总体规划，墨尔本，维多利亚
248　海洋广场总平面，新加坡

事务所简介

254　精选工程年表
258　COX事务所
259　获奖作品1989~2000年
261　致谢

四个十年：建筑学相关论文回顾
FOUR DECADES: PURSUING AN ARCHITECTURE OF RELEVANCE

起　源

1. 海洋渔场，加利福尼亚，美国 摩尔·林登·托布尔和惠特克
2. 住宅，卢加奥，新南威尔士 安克·莫特洛可·默里和坞勒
3. 澳大利亚，邦克楼民居
4. 胡纳住宅，克里威尔，新南威尔士

20世纪60年代，我们最初设计的建筑深受早期澳大利亚乡土建筑影响。对我们而言，乡土建筑启发我们关注环境，正是基于这个出发点，我们改进了与澳大利亚气候和地形不相称的英格兰建筑风格。这使材料和建筑结构的运用变得容易，近乎随意，广泛和富有创造性。我们使用的是反现代主义的设计方法，在浪漫主义的启发之下，采纳了具有地方特色的建筑风格，同时根据各地环境的变化而显示出不同的特征。

当时只有少数建筑师志趣相投，他们被称为悉尼学派。后来人们承认，在20世纪60年代，悉尼学派被批评为倒退和反技术，忽视工业的进步，沉湎于威廉·莫里斯(William Morris)的那些艺术和手工艺术语。事实上相反，它是一次巨大的创新，并从此影响了整个建筑界。正如建筑史学家——马克斯·弗里兰(Max Freeland)在《澳大利亚的建筑》中所言，"它是一次浪漫主义革命⋯完全不同于此前十年贫血无生气的诡辩和平淡、透明、空虚的工作。"(弗里兰，1972，p.305)。

悉尼学派设计的建筑，采用被动式能源策略，使用经济的建筑材料，并且开发了结构性技术，不是对乡土建筑的简单复制，而是像建造乡土建筑的人们所做的那样，在使用玻璃的基础上，结合了新的装配方法。

然而，悉尼学派没有一种统一的风格。不同建筑师——安克尔、杰克、穆勒、理查德、莫特洛克和我们自己——都被乡土建筑的不同方面所感染，有的人则受到海外先例的影响。

传统日式建筑，以及阿尔瓦·阿尔托和弗兰克·劳埃德·赖特的建筑设计作品的影响尤为显著，它们都首先致力于气候和周围环境的统一。在美国西海岸，也发起了一场类似的运动，其主要倡导者是查尔斯·穆尔和约瑟夫·埃舍里克。

我们所要做的，是将澳大利亚传统建筑转化为当代形式；这种想法恐怕还是第一次出现，我们的目标，是创作一种真正的现代澳大利亚建筑，我们受到的最为主要的影响，来自澳大利亚邦克楼民居，那些工业化的和原有的乡土建筑。

当然，邦克楼(bungalow)民居也并非起源于澳大利亚，而是起源于孟加拉和印度殖民地。然而，它是澳大利亚家园的原型，它采用向四周伸展的顶棚和环绕四周的走廊，取消了在内地很普遍的宽广毛毡顶，利用软木串来勾起人们对廊柱的回忆。这种景象已经深深植入许多澳大利亚人的脑海，并且不时出现在斯特雷顿(Streeton)和德赖斯代尔(Drysdale)等人的油画当中。

1. 澳大利亚原始的轻型建筑
2. 冷却塔，卡里卡里，新南威尔士
3. 昆盖国家公园，阿库纳湾码头，新南威尔士
4. 羊毛剪理捆装场，斯昆，新南威尔士
5. 亚历山大农学院，托克尔，新南威尔士，室内

对于我们来说，这些小平房包含了大量可以学习的东西。它的形式并不受限制，可以随时轻易地调整与改变，以适应需要。在屋面通风系统、走廊和遮阳设施的设计上，它创造性地控制或利用了气候。它具有紧凑、朴实的结构，所使用的材料美观大方，无需装饰。这种小平房与风景如此协调，几乎与周围环境合而为一。

这些启发直接帮助了我们以前的许多工作，主要是住宅和学校，也包括俱乐部和教堂。例如在莱平顿(Leppington)的圣安德鲁男孩家园、在猎人谷的亚历山大农学院、在悉尼的胡纳和弗格森住宅区、莱平顿宾馆和阿库纳(Akuna)湾码头。尽管方式不同，但这些建筑都体现了乡土建筑的精华。

相似地，乡土建筑也没有统一的风格；实际上，乡土建筑根本就不会形成固定风格。它随着原材料、气候和当地景观的不同而在不同的地方有很大的差异。它也可能根据用途，最主要的是当地的工业用途而改变。例如从船厂和码头到证券交易所，从酿酒厂到锯木场和羊毛剪理捆装场，乡土建筑的风格便有着天渊之别。

就是这些建筑，展现了人们对结构和手工艺技能的令人敬畏的创造性，并影响着我们的大型建筑。当追求地方特色和全国统一性时，这些建筑还影响了各种形式的建筑类型，包括悉尼、布里斯班和凯恩斯的展览中心，还有悉尼和墨尔本的体育馆。

在土著建筑中，我们发现乡土特色非常吸引人。虽然本质上是一个游牧的、临时性的建筑，它也从其他方式来考虑和统一建筑与当地气候和景观的关系。虽然大家广泛认为，当地艺术出现得很晚，但是不管是否有意，当地人的建筑微妙地运用了少量很有意思的设计。一个例子是土著人的小屋(miamia)，可以用树皮建在地上；在热带地区可以架起来建在潮湿地面之上；或在温带地区直接在地上挖出窑洞。不管如何变化，当地建筑在内在上是符合生态要求的，并运用了很多和当代建筑的环保要求相关的法则。

增加的复杂性

1. 国家体育馆,堪培拉
2. ACT(澳大利亚首都直辖区)民事与青少年法庭,堪培拉
3. 公共住房项目,杰瑞得里庄园,堪培拉
4. 爱尔兰大使馆,堪培拉

在20世纪70年代和80年代早期,我们的很多建筑作品集中在堪培拉。我们有幸为当时的国家首都发展委员会多次出色地完成任务。在大约五年时间内,我们设计了国家体育馆(即现在的布鲁斯体育馆)、国家室内运动和训练中心、ACT民事和青少年法庭、里德的公共住房项目杰瑞得里庄园、爱尔兰大使馆和堪培拉国家会议中心。虽然后来我们因为在悉尼公共建筑的革新而获得声誉,但在堪培拉的工作是我们第一次大量涉足体育、司法、商业和宾馆建筑。

这是我们进行大量实践的阶段。其中几个工作是本书后面要谈到的一些项目的前驱。这种经历也帮助我们理解了许许多多的城市问题。这些问题后来还包括整个城市、滨海地区和大学中所能遇到的很多问题,引发了对城市设计和规划的哲学思考。

在这期间,我们对澳大利亚乡土建筑以及流行时尚的历史与进化的敏感性,通过大量的旧城保护和再利用项目,得到强化。诺福克岛上夸利提(Quality)街的修复、位于悉尼的原最高法院和维多利亚港口女神像的修复工作(和霍华德·特纳合作)艰苦卓著,但受益匪浅。这些工作帮助我们发展了对建筑细部的注意和对建筑工艺的敬仰。

1. 诺福克岛上夸利提街的修复
2. 原最高法院的翻修，悉尼
3. 伍卢姆卢区福布斯街道住宅，悉尼
4. 伯尔曼的康莫思湾住宅，悉尼
5. 伊勒瓦拉路住宅，马里克维尔，悉尼

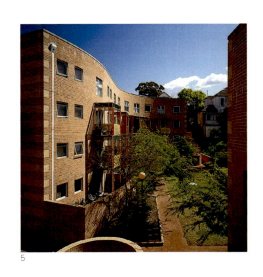

公共住宅建设给我们提供了场所，来进行城市建筑的大胆革新。这种革新受到政府的支持，因为政府正努力改变城市建筑从20世纪50年代到60年代形成的千篇一律的方盒子模式。悉尼伍卢姆卢区的规划是一个重要的任务，因为这项工作正好碰上了中心商务区(CBD)的高速扩展。这项工作为全国范围的城市改造树立了很好的典范。我们为自己制定的标准包含了下列原则：可承受的房价、文化显著特征的保留和在没有高层建筑下的高密度。

在福布斯和布劳汉姆(Brougham)街的两个项目，展现了城市的当地化可以像以前乡村的当地化一样，很好地和当代建筑融为一体。在新城、马里克维尔和小石城的其他项目进一步展现了我们"借鉴"的理念——从传统领域为新房屋的设计与建设寻找灵感。这个理念也是以后我们在很多私人建筑和中密度房屋的设计中追求的目标，例如在巴尔梅恩区(Balmain)的卡梅伦恩(Camerons)和兰德威克(Randwick)的莫沃利格林的郊区。

四个十年：建筑学相关论文回顾 **13**

尤拉拉

1. 凯特·提塔，北部地区
2. 中央沙漠生动的红色
3. 尤拉拉旅游胜地，菲利浦·Cox，早期草图
4. 和建筑融为一体的沙漠色调

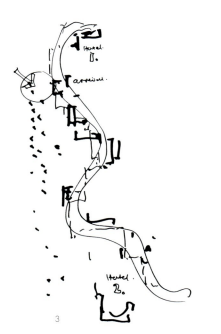

在北部地区的伍卢卢(艾斯岩)附近的尤拉拉旅游胜地，始建于20世纪80年代早期。在这里，我们信仰的每一个原则都得到体现。这些原则有生态的可持续性、被动式能源、与当地景色与地貌的完美结合，还有对社区精神的强化。

在这里，景色的布置极富灵感：缀满繁星的湛蓝色天空下的澳大利亚沙漠，似乎要点燃伍卢卢和凯特·提塔的橘红色、光芒四射的太阳，无边无垠、上下起伏的深紫色和褐色的沙丘。

在这里，人们可以感受到宇宙的浩瀚无垠。在这里，人们可以欣赏我们国家土著人的神话和传奇，在这里，英雄故事和人类与大自然的搏斗被演绎成美丽的民间传说。这些神奇，远远超过了所谓现代主义建筑师所能思考的范畴。对于我们来说，收集代表澳大利亚文化和地理的所有东西，并尝试在建筑中体现它们的精神，是理所当然的事。

尤拉拉的帐篷结构就是从当地的"轻型"结构，从当地沙漠中特有的、巧妙组合的云朵中得到灵感。这种结构利用环境，像冷却陨石一样降低庭院的温度，薄薄的膜结构屋顶覆盖了整个内部空间。在这里，我们运用了很多在城市建筑设计中还处于萌芽阶段的环境技术：太阳能采集器铺展在屋顶，雨水被收集并且循环，污水用来浇灌花园，屋面架空使空气可以在通道中流通。

尤拉拉的建筑包含了这些设施，这是很重要的。这样的建筑就像生命有机体一样，在每一个方面都可以自我维持。它会促使我们去追求结构与周围环境和谐统一的建筑，就像乡土建筑所展现的情形那样。

结构与光线

1. 罗马万神庙，室内
2. 海马科特校园，悉尼理工大学，楼梯
3. 悉尼水族馆，结构细部
4. 澳大利亚国家海洋博物馆，悉尼
5. 悉尼展览中心，达令港

在尤拉拉之后建造的展览中心、博物馆和体育场，都应用了结构与光线的原则，我们认为这是建筑设计的基础。

梅尔斯·丹比(Miles Danby)在《建筑设计的语法》中生动地表述了这些原则："建筑以光线为介质与我们发生联系。罗马万神庙圆顶下的内部形状，是通过直接和间接的光线让我们感受到的。这些光线通过顶部的圆孔进入建筑内部，没有这些光线，艺术根本就不复存在。"(丹比，1963，75页)

在澳大利亚尤其如此。与北半球相比，这里的光线更为刺眼。每一次微小的波动和干扰都相互关联。在阴影的黑幕之下，可能掩盖着大量的细节。通过澳大利亚200年"后欧洲时代"的演化，澳大利亚的画家、雕塑家、诗人已经掌握了当地光线的特征，这些光线富有表现力的形式和把自己融于当地景观中的能力，也令人着迷。伟大的澳大利亚摄影师马克斯·迪潘(Max Dupan)，他为我们这个时期的大多数建筑摄影，他经常评价说，我们的建筑除了其他美学因素以外，还很好地理解了光与影的重要性。

我们在悉尼达令港上的工程，清楚地展现了结构和光的好处。这些建筑从工业化的乡土建筑中得到启示。展览中心用交错的柱子和绳索来降低天空下一个庞大建筑物的单调感。国家海洋博物馆利用了骨架上蒙皮层的透明性，而在水族馆，传统的海岸码头被重新解释。这三个相互关联的项目，使达令港成为澳大利亚极富个性的都市滨海发展区。

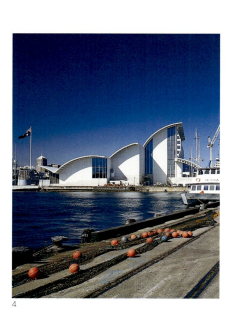

不论在何地,我们只要有机会规划设计一定数量的建筑,都会试图把结构和光线与景观紧密结合在一起。即使在设计一个单独的建筑时,我们通常也会在整体规划之前,把一个整体"解构"成各个独立的单元。这样的例子包括我们为悉尼理工大学设计的海马科特校园和为西悉尼大学设计的玛卡色尔校园。在这里,房屋之间的室外空间,不管是在光线的照射下或是阴影当中,都和室内空间有机地融为一体。采光井和透镜,不断地把人的活动与一天中时间的推移紧密相连。

约翰·索恩(John Soane)爵士,他的建筑影响澳大利亚早期的建筑师弗朗西斯·格林韦,他可能最为清楚地阐述了我们的观点:"因此,无论多么强调计划的各个组成部分、各部分之间的比例、各部分协调的精确性、群体的美感以及光线的各种作用与效果,都不过分。正是光线和阴影,决定了建筑是否成功,并体现了建筑的大部分特征。"(Soane Museum Papers, Lincoln's InnField, London)。

1. 国际水上运动中心,悉尼奥运会场馆
2. 国家室内体育和训练中心,堪培拉,固定缆索的柱子
3. 海马科特校园,悉尼理工大学
4. 玛卡色尔校园,西悉尼大学

新 领 域

1. 麦仓,斯普林代尔,新南威尔士
2. 澳大利亚生产和技术中心,珀斯
3. 墨尔本公园,维多利亚
4. 布里斯班会展中心,布里斯班

20世纪80年代中期,我们在墨尔本和珀斯设立了办事处,负责当地的项目。在墨尔本,主要的项目是位于国家网球中心的墨尔本公园。在这里,我们建造了澳大利亚第一个(在世界上也名列前茅)大型可移动屋顶。这个项目的设计方向重又回到最初的原则,像大型乡村建筑一样,采用了朴实坚固的结构。在珀斯,我们为一个被尤拉拉的建筑所打动的客户设计房屋,后来又设计了一个生产技术中心。在昆士兰州,我们通过全国竞标赢得了惠森迪岛(Whit Sundays)热带度假中心的设计项目。1990年,我们在布里斯班开设一个新的分部,表明我们真正开始了全国性经营。国家边缘化的困难在于,要保持我们在过去30年努力和热情发展起来的理念与思维方式。我们很幸运有相对稳定的合作伙伴,而且正在吸引新的同仁分享我们的观点。

这种扩展的一个最大好处在于,有机会在各种截然不同的环境下工作,从北部昆士兰州和星期四岛的热带丛林到维多利亚州的海滨和发射场,到西澳大利亚州匹巴拉的新威特努姆(Wittnoom),再到布鲁姆(Broome)。

我们在澳大利亚的工作因为这种多样性而充满了乐趣。当然,伴随这种快乐的,是解决大量不同环境、文化和社会经济问题所带来的挑战。

1. 凯恩斯会议中心
2. 布里斯班会展中心，概念草图
3. 布里斯班会展中心，鸟瞰图

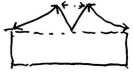

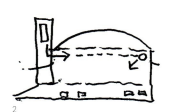

在建筑中的地区主义和国际主义之间的关系，就如同商业中的当地化与全球化之间的关系。现在越来越多的人开始呼吁建筑要和当地特点联系起来。其中较突出的是"都市乡村"的概念。

在各大城市，主要建筑都采用了世界上最新的技术，例如悉尼足球场和布里斯班会展中心。这些建筑也为城市设计提出了新的挑战，就是在已有的城市环境中安插大规模的建筑。悉尼足球场采用的是波浪型结构，从相邻的市中心居民区的边缘，起伏上升到场地中央的主要座位。布里斯班的会展中心延续了我们在以前会展中心设计中结构变革的传统：我们设计了一系列"希帕"屋顶来反衬后面的山色，中心的外形扭曲并翘起来，形成一个倾斜的建筑外观。

重新认识不同部门间合作的价值，仍将是我们下面讨论的主题之一。我们设计的大多数大型建筑，都得到了奥夫·阿鲁普(Ove·Arup)及其合伙人的技术支持。然而，这些项目的优异表现，也要感谢建筑商信守合同，尤其是他们的工作都遵守了"设计与施工"协议。

凯恩斯会议中心是另外一个典型的例子。这里的多重板式结构易于组装，并具有许多结构和环境方面的优点，包括被动式能源控制、雨水收集和室外凉亭。屋顶的设计灵感来源于传统的树皮小屋，这些小屋外面的"墙皮"重重叠叠，以利用这些材料固有的韧性。

全 球 化

1. 澳大利亚厅，威尼斯比安内尔花园
2. 苏威克海上城市，科威特，为九个岛屿之一设计的平面图
3. 海洋广场，新加坡，总体规划
4. 新加坡展览馆屋顶结构
5. 新加坡展览馆前厅遮阳篷

20世纪90年代早期，我们在澳大利亚开展很多工作的同时，开始进入东南亚市场。此前，我们为威尼斯双年展设计了澳大利亚厅；就在伊拉克入侵以前，我们通过国际竞标，被授权为科威特设计两个"海上城市"。当这些非同寻常的项目刚开始进行时，我们又获得了其他一些设计机会，例如在中国的商业大楼、在印度尼西亚和马来西亚的城市规划以及新加坡的展览馆项目，这个项目占地60,000平方米，比澳大利亚最大的展览中心还要大两倍。

展览馆由多个100m×100m的单跨度大厅组成，其巨大空间具有和以前的项目截然不同的透视感。在大厅上面，呈现出一个圆拱，以便整个大厅可以被同时看到。由MRT线（大众快速传输系统）构成的曲线，组成了建筑周围的翘曲。就像我们以前在澳大利亚设计的建筑一样，独创性被用来创造一种微妙精细的结构。但为了适应新加坡的环境，我们对建筑进行了相当大的改进。这包括一个很大的百叶窗式室外展览区，作为进入大厅的走廊，同时还遮挡阳光并去除湿气。在大厅靠近中央的墙面上，有一个个"盔甲一样"的裂缝，这既可以作为透光墙，又可作为过渡元素。在这里，我们应用了"风水"的原理，使弯曲的平面和起伏的顶棚相互之间很协调。这里没有典型亚洲建筑的标志，它是由完美的环境和文化原则衍生出来的建筑空间。

这个项目之后，我们赢得了第二个国际竞标，去重新设计海洋广场。新加坡国际机场和世界贸易中心都匿于那里。

1. 独立广场，吉隆坡，马来西亚，模型
2. 金矛大厦，天津，中国，模型
3. 展览中心，德班，南非
4. 海洋广场，新加坡，模型

在这里，我们综合设计了高科技娱乐设施、商店、餐馆、写字楼、宾馆和住宅楼。我们设计的关键思想，是把海洋广场建造成一个世界上伟大的滨海广场，同时又保护好新加坡固有的文化和气候特征。广场空间上有一个400m 长，30m 宽的半透明遮阳篷。遮阳篷的高度随着气温和降雨情况而升高或降低。因此它是一个富有活力的设施，代表了新加坡所极力倡导的开放与环境持续性的双重目标。

吉隆坡独立广场和中国天津的金矛大厦(Goldspear Tower)，是两个特点完全不同的重要商业建筑。独立广场原来是由ＳＯＭ(Skidmore Owings & Merrill)公司总体规划。这个规划包含一个为1998英联邦运动会准备的体育场地。新修改的规划被设计成一个新月形状，塔楼是最高点，俯视着下面的花园、房屋和商店。地面上交替点缀着游泳池、雕塑和对应于热带气候的街头小景。塔楼专门设计了适应热带气候的被动式能源系统。

金矛大厦是作为天津商业开发区边上的标志性建筑来设计的。这个大厦是现代版的古典柱式建筑：由底层、楼体和顶盖三部分组成。这三部分中，底层是商店，楼体是写字楼，最上面是娱乐设施。大厦的正面和顶盖向前突出，形成雕塑效果，这可以强化城市和海港的景观。

在这两个商业建筑项目上，我们都在努力解决这样一个矛盾：即在建筑中，区域、文化和地理独特性与东南亚城市反映和追求全球化趋势之间的矛盾。

我们在会展中心和运动场设计上的专业技能，使我们取得信任，并与斯陶克·沃斯特(Stauch Vorster)建筑师事务所合作，为泰国曼谷设计了亚运会体育中心，还有为南非德班设计了展览中心。

在所有这些项目中，我们都在努力改变一系列在国际设计中常见的缺陷，包括缺少地区差别、不能适应湿热的气候、忽略人与建筑的比例等。当人口密度很高和建筑空间很小时，很难避免高层建筑，但是我们总有机会把不同形状和尺寸的结构放在一起，使人们感到比例协调。

城市主义

1. 皮蒙特，悉尼，总体规划
2. 墨尔本港口，总体规划
3. 布里斯班中心商务区，总体研究
4. 凯恩斯游乐场，再开发模型
5. 凯恩斯港口，再开发模型

我们的工作与大多数在澳大利亚的建筑设计之间最大的不同，在于我们持续参与到城市规划中。除了新加坡的海洋广场，我们参与的大规模城市规划项目还有布里斯班中心商务区和特内里费滨海地区的总体规划，珀斯中心商务区和凯恩斯与弗里曼特港的翻新。其他项目还包括悉尼皮蒙特和达令港的翻新，墨尔本港口的区域规划。国际上的项目有雅加达苏迪曼中心商务区的总体规划，在柔佛巴鲁附近、连接新加坡和马来西亚的第二条通道边上的一个新城，还有前面提到的科威特海上城市。

这样规模的工作，要求我们对当代城市理论与城市发展史要有深刻的认识。在我们工作中如果要找一个最重要的经验，那就是没有两个建筑环境是相同的。虽然有大量的理论，如"新城市主义"，但是这些理论很难帮助我们把解决方案从一个地点转移到另一个地点。我目睹了后来把现代主义和后现代主义转移到上海与其他亚洲大都市所产生的结果。当从很高的水平上考虑时，这种转移导致了城市空间的思想贫乏。封闭式购物中心的大量兴起，导致了现代建筑与传统城市结构之间的疏远。社区的大门紧紧关闭，这种"安全"但在文化上排他的生活，以及由高速公路连起来的城市，都可以从海外舶来品中寻找到自己的影子。

在澳大利亚，面对20世纪60和70年代城市建筑的迅速发展而导致的城市历史消失，以及高楼大厦下面的文化空白，人们曾经反应强烈。然而直到90年代，城市中心的商业建筑才被要求留出空间，重新建设住宅、文化娱乐设施，如商场、餐馆、咖啡馆、画廊、博物馆和戏院。

这一转变与要求重建城市的呼吁，在时间上重合。城市的重建是为了使城市免遭汽车淹没，并且重新评价城市的社会文化功能。"新城市主义"是一个思潮，希望建造一个更人性化的城市。其实它是在回归过去的城市建设传统，即通过社会文化节点，把工作地点和居住区联系起来，所以"新城市主义"其实是"旧城市主义"的复兴。

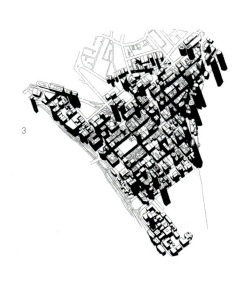

1. 南岸步行与自行车桥概念图，布里斯班的主要交通枢纽
2. 尤拉拉旅游胜地在夜色中的戏剧性变化
3. 巴塞罗那滨海地区的生动景色
4. 堪培拉国家会议中心前区鸟瞰图
5. 堪培拉皇家公园酒店，构成了当地的一个花园墙
6. 悉尼理工大学海马克特校园，校园形成了一个新的城市郊区

我们的工作，是在经济和商业的稳定与社会文化的发展之间寻找平衡，而且希望找到一种模式，可以使两者相互加强。除此之外，还需要把城市转变成一个可持续发展的环境，并且有能力适应新的信息时代。有人认为技术的发展会使城市中心不再存在，因为人们可以在自己的家中办公。但我们认为这是不正确的，任何城市总是需要一个心脏。需要考虑的问题是，这样一个心脏将起什么作用。我们的观点是，越具有文化多样性，这样的城市中心地带就越能发挥好的作用。

最近几十年，人们把焦点集中在城市边缘。尤其在码头地区，多余的设施都被拆除，以空出地方来重建。在这里得到的一个教训是，不要想稍作努力就可以完成城市的重建。在这些地区，人们或者厌倦了相同的娱乐设施，或者交通方式不能满足人们的各种要求，所以需要重建。

在城市郊区，城市建设相对来说更容易成功。在那里，只需把新区与老城连接而不需要建设一个全新的主题社区。一个成功的例子是布里斯班南岸地区，在当地被确定为公共用地10年后，有人提出新的改造方案，建立和南布里斯班相连的街道网络。在这个改造方案中，新的步行桥跨过布里斯班河，把南岸地区与中心商务区浑然天成地联系在一起。

这种联系最为重要，但是在城市规划中常常被忽视。它不仅包括物理联系，还有现在与过去的不可分割的联系。城市的历史是一个城市与众不同、被理解、被确认的标志。但是城市也要发展，加入新的元素。单纯保存一个城市的历史没有意义。

因为如此多的城市中心失去了活力，所以这些中心最好是缩小而不是扩展。悉尼和布里斯班正在向外扩展，把以前独立的城市变成自己的卫星城(悉尼是纽卡斯尔和伍伦贡(wollongong)，布里斯班是黄金海岸与阳光海岸)。这种向外扩展，使这些城市比更紧凑的城市，如墨尔本、阿德累德、珀斯甚至达尔文，更难保持自己的个性。

为了保证市中心或城边地带的货物、服务和车辆(尤其是公共交通)的有效流动，清晰的结构规划是非常必要的。现在很多城市不得不利用公共用地、郊区来满足难以支撑的交通系统。

1. 纽约拆迁区里兴建的多个城市广场之一
2. 蓬皮杜中心，巴黎，伦佐·皮亚诺
3. 港口通道，加那利·沃夫，伦敦港

然而，因为每个城市不一样，套用常见公式来解决这些问题，这种做法相当危险。凯文·林奇(Kevin Lynch)解释说，这种方法的实质是，你在信封的背面画草图，来让别人明白一个城市是什么样子。我们还需要知道更多的知识：包括地形与气候的详细分析、交通网络、经济发展趋势、当地景观和可利用的空地、历史因素(现存的和已经消失的)、文化的吸引力和区域位置。因为这些因素相互影响，它们之间的联系我们也要了解得很清楚。巴黎就在这方面做得很好。豪斯曼原来的规划并没有妨碍后人进行大规模的改动，在原来的巴黎中加入蓬皮杜中心、拉维莱特公园和布瓦西公园。塞纳河上几个活泼的小桥，增加了河两岸的联系。

严格的几何规划不再是设计的目标。城建分析家卡米龙·锡特(Camillo Sitte)在《建设城市的艺术》(1979)中指出，城市的活力存在于那些给人们带来惊讶与欢乐的不规则空地和边缘建筑。这样的例子可以在纽约与威尼斯找到。在建筑中要获得安全感，就得要有动感。动感要靠多次重复才能出现。为了满足这个要求，就需要建筑环境和空间激发起人们的好奇心，并且在不同季节和昼夜交替间有所变化。伦敦的港口区就因为这个原因而失败，在那里，街道和社区设计得美轮美奂，可是总显得平庸与死气沉沉。

未来城市的发展，环境的可持续性比商业活力更重要。当今的技术已可以设计出适应气候变化的建筑；然而我们还没有足够的信息来评价这种建筑的商业价值。例如，如何降低这种建筑在整个修建和使用过程当中的耗费。合适的策略是，不仅要考虑建筑方面的问题，还要考虑公共交通和市政设施。只有这样，私有开发商才不会把这种建筑视为负担，而视为整个社会公益的参与者。

教育将是实现这个目标的关键因素。历史上，不同部门之间是相互分开的，现在我们必须把它们结合起来。交通管理负责组织流畅的交通，景观设计负责规划"美丽"的街道，工程设计负责基础设施，等等。刘易斯·芒福德(Lewis Mumford)几年前的预言现在成为了现实："在过去的岁月里，人与自然、城市与乡村、高尚与粗俗、当地居民与外地人的分离，因为交通的发展，将不再存在。整个世界现在变成了一个地球村，所以最小的社区必须作为高一级的世界的一部分来规划。不是工业而是教育将成为他们活动的中心……同时城市本身为人类的日常活动提供了空间。"(芒福德，1961，635页)

文化复兴

1. 古根海姆现代艺术博物馆，西班牙，毕尔巴鄂
2. 西澳大利亚海洋博物馆，珀斯，模型
3. 西澳大利亚杰尔顿中西部巴达维亚博物馆
4. 昆士兰热带博物馆，汤斯维尔

现在的每一个城市中心，都在通过居民区的发展来重新获得生机，通常的做法是在市中心加入新的文化设施。一个典型的例子是古根海姆现代艺术博物馆。文化设施被认为是给城市带来人文气息的灵丹妙药。有时，文化设施起着更重要的作用。例如在努美阿，一个文化中心代表着国家的重新统一。

澳大利亚对体育的热情是不会削减的，我们的体育场被视为英雄主义的标志。但是现在我们正经历以前未曾预料到的对艺术场地的追求。这种新动向一部分和我们在新千年到来时的自我反思有关，一部分是由于我们对本地土著居民的认同。不过我们可以清晰看到城市是否作为文化中心与文化能否良好发展之间的直接关系。

埃德蒙·培根在《城市设计》中写道："……城市是人的艺术，在这里人们分享过去的经历，在这里艺术家可以遇到最多的潜在欣赏者……当把城市的设计和建造当成艺术来进行时，艺术和文化就真正合而为一。"(培根，1967，13页)

政府不愿从这方面考虑问题。他们更愿意从满足各种需要出发，而不是从城市的宏观规划上出发，来考虑城市的建设。例如，在20世纪60年代，政府就在滨海地区大肆修建高速公路。

文化设施的种类和数量在不断增加的同时，更广泛的人群参与到其中。社区开始参考公众的意见来确定一个城市建设的特色。为了避免混乱，这个过程要满足城市中大多数居民的意见，而不只是迎合少数社会团体的需要。这意味着一种转变，城市建设不是强调政治和商业的权宜之计，而要更多地考虑社会和个人充分发展的需要，这里面文化活动和教育是核心内容。培根的言论发表30年之后，理查德·罗杰斯在《小星球上的城市》一书中写道："城市是人类文明的摇篮，是文化发展的精华之所在，是文化发展的动力源泉。把城市文化重新放在议程中是至关重要的。文化重新回到生命成长，也是最变化多端的地方。城市也从文化中重新找到了基本的灵气。"(罗杰斯，1997，17页)

位于维多利亚巴拉腊特的尤里卡施托克博览中心、位于西澳大利亚杰尔顿的中西部巴达维亚博物馆、位于珀斯新区的西澳大利亚博物馆、位于汤斯维尔的西澳大利亚海洋博物馆和位于汤斯维尔的昆士兰热带兰博物馆，都是澳大利亚地方城市的主要文化中心。在大城市，我们设计了两个临时性的表演艺术中心和布里斯班的海洋博物馆、悉尼的巴格拉舞蹈剧院、悉尼利里克(Lyric)剧院和阿德莱德的制酒中心。

1. 尤里卡施托克博览中心，维多利亚
2. 金街艺术中心，珀斯
3. 凯恩斯会议中心，雕塑，扬迪·潘内尔
4. 利里克剧院，星城，悉尼
5. 巴格拉舞蹈剧院，悉尼

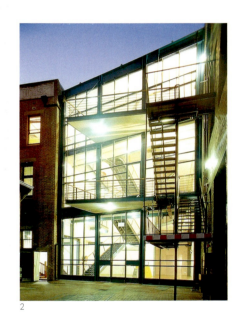

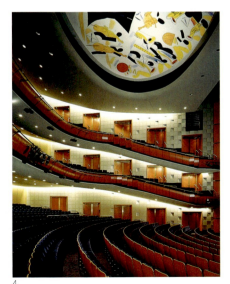

然而，我们把所有项目——写字楼、展览中心和交通设施，都当成文化项目来考虑。所有项目都在城市的文化生活中起作用。这看起来显而易见，为未来也是建设一个可持久发展的城镇的基础。可是不幸的是，人们总是忽略这一点。

有一种危险的趋势是，仅仅用文化建筑本身来展现相互作用和优点。重要的是，设计这样的建筑需要理解建筑各组成部分之间的关系，及其在周围环境中所处的位置，这也是设计人员经历的一部分。技术是伟大的工具，使历史和文化更平易近人且栩栩如生。但是任意使用技术会产生相反的效果，会使人困惑与迷茫。环境、技术、空间、形式和内容必须相互协调，才会产生有持久价值的文化空间。

我们已经沉浸在艺术与建筑的结合或者说再结合当中。一旦建筑师、艺术家和工匠分别成为一个职业，一个复杂的过程就被分解成多个孤立的角色。在一些州，我们帮助政府制定一些政策，来确保艺术家参与设计过程。我们的努力有明显的回报，在建筑的技能层次上增加了文化层次。例如凯恩斯海滩的重建，就是16个艺术家通力合作的成果，整个海滩就像文化展览的画布，在画布上分布着怡人的建筑小品和露天服务点。在十年前，这样的项目只被看做休闲娱乐的场所。今天，这样的地方被视为生机勃勃的教育与文化交汇场所，是当地的标志与骄傲。

创造可持续的未来

在新千年，建造可持续建筑需要什么？

我们的观点是，需要遵守五个基本理念：

• 建筑应该具有环境智能，这不仅包括对气候的适应和被动式能源的利用，还包括材料、建造技术和维护费用的整体解决；

• 给建筑与空间注入文化气息，在强调地区文化多元性的同时，也要强化多元文化的多样性；

• 新开发的环境要适应已有的环境，用有特征的场所来加强地区历史进化的层次；

• 使用新技术来提高个人和建筑的表现力，使人们有更宽畅的工作空间和更多的生活方式；

• 而且要把所有这些因素都融入一个建筑物当中，在考虑时间和空间之前，要清楚地表达出环境、文化、所处位置和技术等各方面的情况。

因为需要解决许多矛盾，要满足这些理念并不是件简单容易的事情。

虽然我们在商业和交通领域正在进入全球化时代，从而要求建筑物要有灵活性和适应性，但我们遭遇的窘境是，客户常常要求空间更大、具有特定文化内涵的建筑环境。例如，如果一个建筑物要作为一个新的展览中心和会议中心，它无疑会具有大量模式化的结构；它会由无数没有专门加固的墙，形成图表一样的结构。考虑到医疗设备的更新速度，一个医院将会要求平面布置的灵活性和辅助结构的非固定化。因此设计融于文化和周围环境之中的建筑，将变得越来越复杂。如果我们不想仅仅追求临时性的功能主义，求取平衡就显得至关重要。

其次，在建造环境和生态性能良好的建筑物时，在投资与回收成本之间存在着一定的差距。如果我们只关心建筑物的建设投资，很少关心或不关心建筑物的长期使用性能，那么就很难激励建筑商达到或超过环境标准。立法可能解决一些问题，但我们相信，应该探索一种新颖的财产移交模式，让建筑的每一个股东都来关注建筑在整个建造和使用过程中的表现情况。

随着建筑师从一个惟一的领导者转变为专门从事建筑设计的团队中的一员，在理解当代建筑师的作用时也有冲突。我们需要发展一个以环境、技术和文化方面专业人员为基础的新的领导体制。例如，为了创造环境的可持续发展，建筑师需要处于环境研究的最前沿，运用新的技术，避免使用过度消耗能源的系统，采取长远、负责的建设规划。

除此之外，还有其他像"进步"与"保守"这样的争论，持续了很长时间，也没有什么有意义的结果。尤其在澳大利亚，可能由于历史较短，我们好像还不能确信在文化上什么对我们更有意义。

为了提高我们的文化持续性，我们相信，现在正是时候，可以利用不同文化背景的建筑师、艺术家和其他设计者的通力合作，来提高我们的建筑和空间的文化气息。

最后，我们需要发展一种新的设计模式。这种设计模式可以使建筑物适合其他用途，内部空间与形式可以相互改变，在添加外部设施时，不改变设计的整体性。听起来，这是一个难以克服的挑战。然而这个过程早在澳大利亚乡土建筑影响我们的建筑时，就已经开始。因为乡土建筑是可扩展的，能适应自然和气候的变化，和周围环境相处也很融洽，因此，我们非常欢迎这种影响。但挑战的前景却不容乐观，在很多领域结果难料，但是我们相信这些原则经得起时间考验。所以虽然项目类型千差万别，我们在这本书中一直坚持以上原则，这是新千年可持续建筑不可或缺的组成部分。

菲利普·考克斯、迈克尔·雷纳

四个十年：建筑学相关论文回顾　27

评 论
Essays

体　育

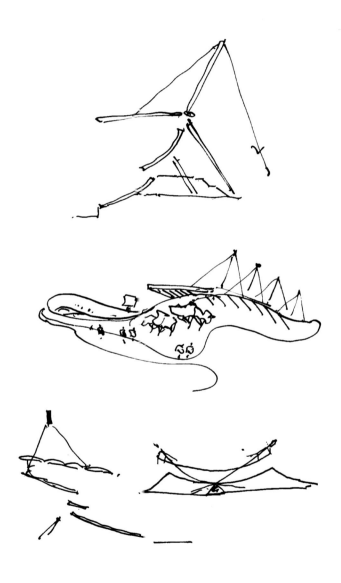

很难想像有什么地方,比坐落在奥林匹斯山下的古典奥林匹克体育馆更为壮观。它既是剧院又是体育馆——那里观众和演员可以得到同样的体验。而且它准确地表达了建筑和地形的统一,而不是像我们通常感兴趣的那样,通过建筑来衬托地理景观。

在体育馆中,通过鼓动情绪和促进感情的释放,人类表现出了朝气和活力。让观众参与非常重要,这正是现代体育馆所忽视的一个致命缺点。罗马体育馆,以及古罗马人在北非留下的许多体育馆,例如埃尔·杰姆(El Djem),无一例外地把观众和竞技者的关系放在首要地位。

体育场馆设计的其他流行的成分有:利用技术提供更佳的功能质量,同时利用结构产生激情和戏剧效果。罗马体育馆有许多成排的回廊和拱廊,可以为不同活动提供舞台,从角斗到注满水来演练海战。它的可延伸结构伸展出来,到达看台中央——与万神庙相似——即使是现代体育馆也很难达如此复杂的技术水平。

营造一个激动人心的场所,克服把广泛的单个空间与周围环境整合起来时的挑战,开发结构和技术的极限,是我们体育建筑的首要追求。

1. 澳大利亚人正在举行他们最喜欢的体育活动——板球
2、3. 国家体育馆，堪培拉
4. 国家室内运动训练中心，堪培拉

堪培拉布鲁斯体育馆通过一系列铸造而成的地下狭道，从连绵起伏的地方一直延伸到体育馆的结构之中。它的顶部设计就像是挂在桅杆上的帆，似乎正在掠过大地，而后面的小山则成为背景图案。

这项工程是我们在这方面的第一次实践。20世纪60年代和70年代初期，我们设计的大多都是水平展开的学校和公共建筑，而这一次则截然不同。这次挑战是想探究，下列这些工程设计的固有原则——源于结构的建筑原则，建筑形式与地理形貌的统一，以及与澳大利亚精神相符的放松的非正式形式——是否可以应用到另外一种空间和结构上。

没有现代计算机技术的帮助，这个体育馆的流线型外观，在澳大利亚设计史上没有先例。体育馆呈阶梯状的看台，是用一种长达6m的特制仪器绘制而成。看台像井口一样垂直上升，所以即使是在最高的看台上，也让人感觉是在表演者的上方。这是一项重要的工程，它激起了人们只考虑可能性和解决办法，而把成规置之度外的做法。

国家室内运动训练中心几乎就是上述体育馆的再版形式，采用悬垂线来生成的顶部，全部悬吊在横跨大厅的缆索上。缆索从边缘升起，被角形桅杆拴住，然后深深地埋入地下，桅杆给人的感觉，就像是一只毛虫正在向主体育馆进军。

1. 悉尼足球场，莫尔公园
2. 鸟瞰图，远端的建筑尺度被降低了
3. 最初的概念草图
4. 晚上的活动

悉尼足球场部分具有布鲁斯体育馆的特征，部分是针对特殊的都市环境所作的特别设计。它波浪型的顶部外形体现了布鲁斯人慵懒的性格，但在这里却被认为是与临近的都市住宅环境的一种调和，同时也最大限度抬高了位于中央的观众看台。它的外形与几种事物相像，其中之一是一个巨型过山车，而在剧院中观看了一个回合戏剧之后，会觉得它是一个喧闹的调皮鬼。设计中的广视觉概念试图与已有的两座标志性圆形体育馆——悉尼板球馆和悉尼展览馆——形成三位一体的视觉效果。

从一种更实用的观点来看，顶部倾斜的边缘，为持续照明提供了机会，从而避免了传统的借助高塔照明的方式，那样会使耀眼的灯光四溢到周围地区。尽管不断弯曲，但这种缆索结构的系统，实际上是修建在可以直立并且固定起来的规则顶棚面板之上，从而避免了昂贵脚手架的使用。这种建筑模式也被其他的许多宽跨度场馆所采用，如凯恩斯会议中心和新加坡展览馆。

与悉尼足球场同期修建的墨尔本公园，为了不严重影响周围环境，在设计上，除了中央大厅外，其他部分都被放在隆起的阶梯形指挥台下面。这样，惟一突出的部分是中央大厅本身，它与突出的可移动顶棚结构一起，被设计为墨尔本经久不衰的标志——饰带状顶棚，就像附近的维多利亚艺术中心那样。

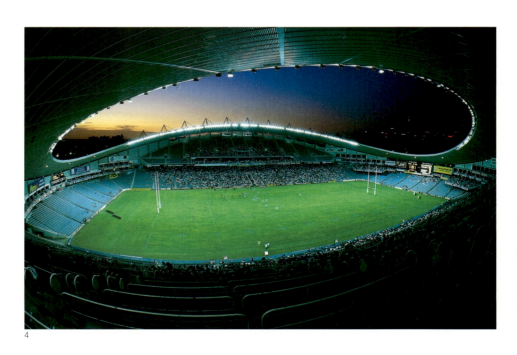

1.墨尔本公园，维多利亚，模型
2.可移动顶棚的支撑结构细部
3.可移动顶棚结构
4.俯视图
5、6.公用场所一览
7.顶部关闭的中央大厅

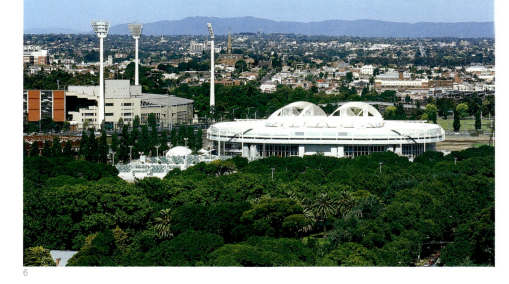

1. 悉尼奥运会主会场设计方案
2. 视线考察
3、4. 正面图

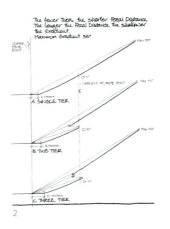

尽管在设计竞标中失败，但我们还是认为悉尼奥林匹克体育馆是最好的体育馆作品。它采用一种双拱形结构，顶部用细缆索悬挂在拱形结构上，很难觉察，看上去就像是一片翻腾的彩云。它采用了世界上大型体育馆设计的成就，如弗里·奥托(Frei Otto)的慕尼黑奥林匹克体育馆，并运用新的空间布局，以寻求最为轻巧的结构。

这种设计解决了现代体育馆的许多问题，如适应举行不同体育运动的需要，这些运动都有着自己特殊的竞技场地，并且可以根据不同需求状况增加或减少看台。这种设计方案可以同时满足田赛和径赛的场地需要，阶梯型的观众看台可以伸出来以举行足球赛，也可以根据需要收缩起来。

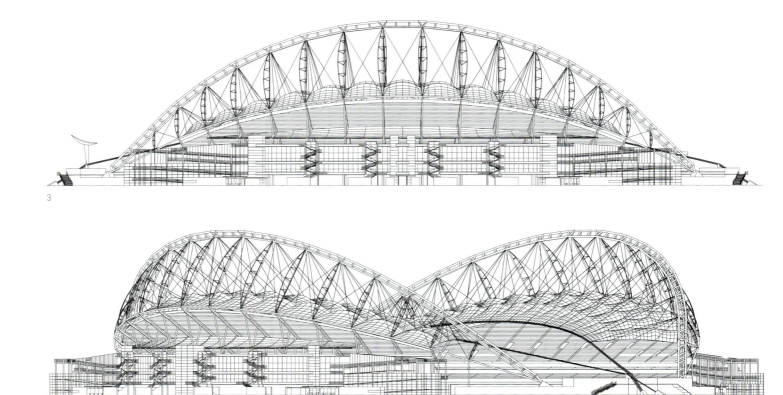

1. 悉尼展览馆竞技场，霍姆布什湾，鸟瞰图
2. 伍德乔普大帐篷
3. 展览馆支撑照明灯的桅杆剖面图
4. 展览馆竞技场顶部，局部

不过我们仍然为悉尼奥运会设计了三个体育馆，悉尼新展览馆竞技场也坐落在霍姆布什湾。它们每一座都有自己的侧重点，但它们都把观众直接的、亲切的体验放在首位，并且每一座都用建筑的结构语言描述了澳大利亚的一种自然风光。

悉尼国际水上运动中心、悉尼游泳跳水馆，其设计在奥运会之前和以后都能最大限度地满足当地居民的需求。它包括三个主要用来跳水、训练以及竞标的水池，和一个巨大的互动式娱乐池，包括滑水、冲浪和铺着瓷砖、浓缩了澳大利亚海滨景观的温泉，从顶棚的斜拉钢梁上泄撒出来的光芒，可以增加动感。夜晚，外边一个钢结构的拱形在夜空中凸现出来，它是用来错开底墙，从而在举行节目时容纳更多的观众。

悉尼国际运动中心是参赛运动员热身的场所，在每一边都有用来支撑顶棚的桅杆，数量是灯塔的两倍。这种节俭的设计在悉尼展览馆竞技场得到进一步发扬，那里的三维框架结构的桅杆极大地满足了照明的需要。展览馆是前面连绵顶棚几何外形的起点，它由一系列分离的、悬挂在框架上的低拱组成，不仅为观众看台腾出了位置，同时也保持了与传统展览馆相一致的帐篷外形。

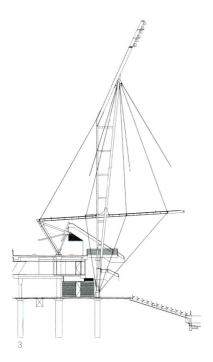

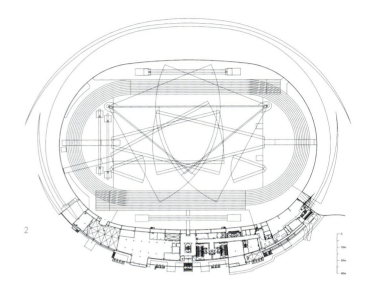

1. 悉尼国际运动中心和水上运动中心，霍姆布什湾
2. 悉尼国际运动中心，平面图
3. 悉尼国际水上运动中心，主水池
4. 平面图
5. 休闲池和装饰图案
6. 夜幕下的水上运动中心

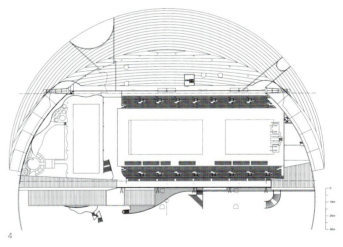

1. 墨尔本公园，可移动顶棚的工作模型
2. 悉尼大穹顶，休息室大厅
3. 悉尼大穹顶，前院

我们最大的成就是悉尼大穹顶，它可以容纳20,000多名观众，满足不同规模的室内运动和娱乐活动。它代表了一种显著的趋势，即力求摆脱单一功能的场馆模式，不妥协地追求舒适和更好的采光效果，以满足多种活动需要。这种多功能化的趋势重塑了体育馆与剧院相结合的原则，采用拴在四周桅杆上的吊索来拉起中央环状结构，并在桅杆和吊索的映衬下，形成一个皇冠一样的形状。

在每一座这样的建筑中，我们都努力利用技术来尽量扩展想像力和可能性的极限。这样做，不仅使我们可以保持从世界诞生之日起人类就具有的创造传统，同时也发展了一种像澳大利亚固有的文化自然传统一样与众不同的风格。

技术奇迹激起了人们实践精神的飞扬。然而，技术不是目的。技术的目的是努力实现潜在的诗意形式和戏剧空间，同时借助这些伟大的建筑来表现人类思维的潜能。有些场馆使得观众几乎可以"触摸"演员，将平面图、截面图和结构协调起来，这是优美的几何学所要研究的课题，同时大量实践也是其中的基本要素。

1. 墨尔本公园，中央大厅
2. 琼达卢普综合运动中心，珀斯
3. 凯恩斯会议中心，多功能厅
4. 夜幕下的墨尔本公园
5. 澳大利亚体育馆设计方案，模型

我们看到了技术在新千年中所发挥的越来越重要的作用。媒体对整个运动的控制能力逐步加强，使得他们可以将活动安排在适合观看和转播的时间，可以从不同方位进行观察，从而能够产生一种及时准确、身临其境的感觉。为了满足这种趋势，必须加强基础的媒体技术以维持观众水平。

为了使观众和演员感到更加舒适和宜人，还需要作许多重要的转变。类似1988年的墨尔本公园可移动顶棚那样可以打开和关上的顶棚将越来越常见。座位的质量和占有的空间都将得到提高，未来人们可以通过触摸式屏幕观看电子体育信息，而且可以通过个人控制进行重播。

所以今后的重点将转向娱乐价值。用途的多样化将越来越重要，像珀斯的乔德劳普体育中心那样，将室内体育馆和室外体育馆的功能综合成一体。场馆要求拥有适合演唱会和舞台演出的音响系统，像墨尔本公园就定期举行这样的活动。悉尼足球场可以举行歌剧演出，凯恩斯会议中心扩建的篮球馆同时可以进行马戏表演和军乐演出。

体育场馆的设计在未来毫无疑问会成为建筑领域一个激动人心而富有挑战性的领域。也有少数的建筑样式只有纯粹的娱乐目的，但由于是当地城市的标志而享有很高的地位。我们认为，它们不能被看做是可以复制的模型；它们的形状和空间都是从当地的文化地理中发展而来的，它们的结构力求优雅和美观。

体育 39

文 化

文化建筑的价值和重要性在世纪末得到了显著的复苏。从历史艺术遗产的解释到当代的艺术实践，文化进步被广泛认为至少与经济和技术成就同等重要。

从简单的文化休闲到复杂的多文化主义和自我认识的鉴别，是导致文化建筑如此大范围复苏的原因。当城市特征变得越来越雷同，相互的文化旅游便被看做是一种重要的经济资源。过去20年来技术的进步首先促进了其他工业的发展，而现在正逐渐渗入文化工业领域，从多媒体技术到使得表演者和观众之间界限越来越模糊的交互式设备。

原创文化成为人们关注的焦点之一，不仅是因为它的美学价值，而且源于对原创性艺术的内容和形式的再认识。文化遗产的价值不仅在于它是历史遗产，而且因为从过去到未来，它都对人类的认识和发展作出了的巨大贡献。

随着文化趋向多样化，文化建筑的设计也变得越来越复杂。在过去，博物馆仅仅用来保存历史文物，现在却被看做联系历史和未来的桥梁，进入我们的日常生活，解释文化特点，进行爱国教育等等。过去艺术馆仅仅用来悬挂艺术画和展览雕刻，现在也趋向多样化，包括表演艺术、媒体艺术和互动艺术。

1. 利里克剧院，星城，悉尼，顶棚，科林·兰斯林
2. 尤拉拉游览胜地，伍卢卢，艺术品
3. 悉尼水上乐园，悉尼港
4. 昆士兰州热带博物馆，汤斯维尔，内部主要走廊
5. 若阿·萨瑟兰郡艺术展览中心，珀斯，新南威尔士州，礼堂内部

文化工程多年前就成为Cox建筑师事务所的重点。利用这种建筑风格，可以表达人们的地方思维方式并且很好地把它表现出来，因为建筑的形式和目标是一致的。

在形式和经验上，我们一直致力于表达这些建筑所服务的教堂、文化和社会环境等方面的角色。我们已经意识到，在所有建筑形式中，文化建筑最能反映不同历史时期的精神和特征。随着需求的变化以及功能的多样化，必须不断地对它们改造以适应新的形式。它们不仅要结合当时的地理条件，而且要与贸易和娱乐相统一，同时考虑到潜在的文化活动的需要。

因此，本书把展览和会议中心等建筑都归入文化一类。遵循最早从派克斯顿的伦敦水晶宫开始的主要传统，展览中心被典型地用来反映我们的贸易和技术地位，从某种意义上讲可以说是我们文化立场的象征。

文化 41

1. 悉尼展览中心，达令湾，公用场所和羊毛商店背景
2. 海滨建筑结构重解
3. 尾部的正面图

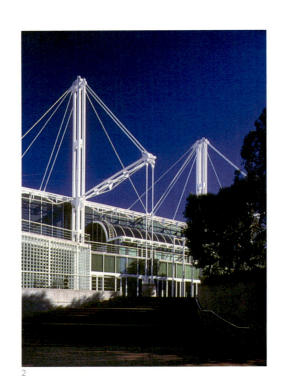

在设计每一座这样的文化中心时，毫无疑问我们会采用特殊功能的专业技术，同时也要结合当地的地理条件，以及社会环境因素。幸运的是，我们在设计达令湾的悉尼展览中心、澳大利亚国家海洋博物馆和悉尼水族馆的同时，将这三座建筑联系起来，赋予它们一种集体特征。尽管如此，它们还是保持了与各自地理条件的关联性。展览馆与其他公用场所一样，采取了传统的钢筋玻璃的展览建筑结构，同时与后面的羊毛商店背景形成某种程度上的对比。海洋博物馆被设计为沿着高低不一的工业建筑到波光粼粼的人工水边码头一脉延续下来的层状结构。这样，三层面依次展开，从大型通道，一直延伸到小型的人工制品。水族馆是在原来一个码头上改建成的，它的箱体部分沉入海湾水中，所以没有沿用原来码头的建筑结构。

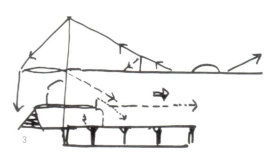
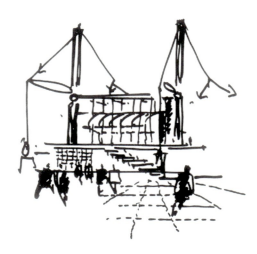

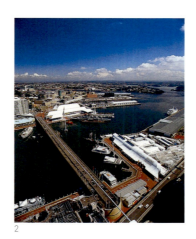

1.达令港重建规划,悉尼,概念草图
2.达令港,鸟瞰图
3.悉尼水族馆,概念草图
4.悉尼水族馆
5.澳大利亚国家海洋博物馆,悉尼,概念草图
6.澳大利亚国家海洋博物馆,悉尼

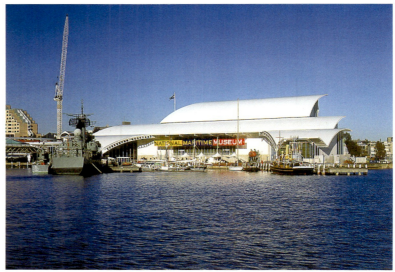

1. 布里斯班会展中心，鸟瞰图
2. 对角梁，三维构架
3. 休息厅艺术作品，约翰·奥尔森
4. 街道正面图
5. 前入口
6. 带有升降看台的观众大厅

布里斯班和凯恩斯工程都将会议中心和展览中心结合在一起。它不仅可以用来举办贸易展览和举行会议，而且中心经常举行舞台演出，包括马戏、摇滚和古典音乐会、篮球赛、歌剧、戏剧乃至军乐。这种建筑的技术要求更高，当然，同时还得与城市文化设施的地位保持一致。布里斯班中心被认为是世界上通用性最好的建筑，它拥有许多可移动的升降看台，可以在展览和演出时根据需要进行交换。它"希帕"型的顶棚戏剧性地表现出了连绵起伏的群山背景，同时也减少了它的内部空间，使之不至于影响在它隔壁的昆士兰州文化中心的地位。

凯恩斯会议中心在将地理环境与生态旅游相结合方面做得更具特色。用波浪形系统和折板屋顶组成的独特外观，与城市中高低不一的工业建筑区域相协调，既具有创造性，又遵循了欧洲凯恩斯慵懒的临时凉棚的传统。折板结构不仅可以覆盖更宽广的区域，而且可以用来汇集雨水以便分流。利用日光进行控制的金属天窗可以加强能源控制，太阳能采集器可以提供能源，并且采取了其他最大限度提高能源利用率的措施。会议中心成了凯恩斯生态旅游的热点。

1. 凯恩斯会议中心，室内体育大厅
2、3. 折板屋顶结构图
4. 休息大厅内部顶棚结构
5. 屋檐和悬挂的排水槽

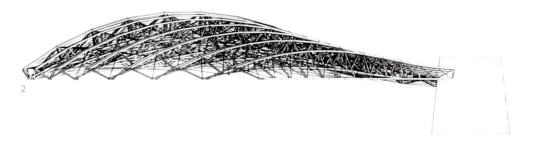

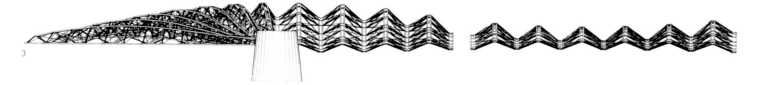

1. 海科特大厅，珀斯，金光闪闪的链式建筑
2. 布伦瑞克大街381号，布里斯班，与地板结合在一起的艺术作品
3、4. 皇家当代艺术中心，布里斯班，正面图和平面图

剧院建筑的规模和功能差异很大，星城的悉尼利里克剧院有2000个座位，而邦加拉舞剧院则是适合举行各种演出和排演的简易的小厅。跟悉尼历史上的沃尔什湾剧院相比，邦加拉舞剧院要小得多，仅仅是一个可让观众欣赏演出和排演的小型多功能场馆。剧院的设计反映了建筑师和使用者合作越来越紧密的趋势。坐落在布里斯班福廷图德(Fortitude)河谷的新当代皇家艺术中心也体现了这一趋势。这项工程是为多个艺术团体设计的，包括当代舞蹈、管弦乐演奏、多媒体艺术、当代马戏，将它们有机结合在一起，发展出一种新的艺术表现形式和潜能。

皇家工程也试图将艺术展厅融入历史建筑中去，从而使文化遗产的重要性和当代文化利用的关系更加密切。位于市中心的布里斯班发电站也是剧院和舞厅，与布里斯班参议院联结成一体。这个设计很好地利用了其广阔的空间，将传统剧院和实验剧院结合起来，同时也可以进行各种即兴演出。西澳大利亚博物馆的海科特大厅也是一座历史展览厅，通过纯玻璃墙来吸引公众。

从达令港到弗里曼特尔到汤斯维尔，以及布里斯班南岸和凯恩斯城市港的改造工程，通过对这些海洋博物馆发展历程的追踪，我们可以找到博物馆设计的变革轨迹。设计重点的改变最显著的地方在于，将静态的展示转变为互动式的交流，将被动的观摩转变为主动的参与。现代博物馆不仅是一种新的解释和教育技术，而且也是一种娱乐和休闲的途径。孩子们是博物馆的主要参观者，在尽情娱乐的同时也接受到了文化的熏陶和教育。

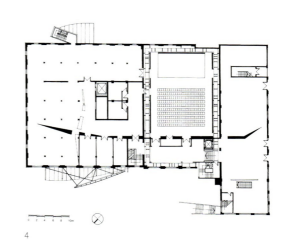

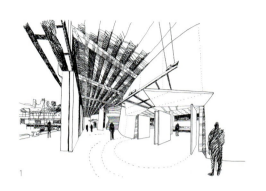

1. 邦加拉舞剧院，悉尼，概念草图
2. 入口通道
3. 平面图
4. 表演和排演大厅

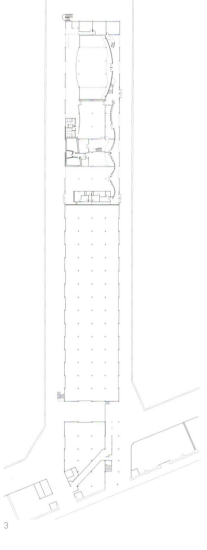

1-4. 中西部的巴达维亚博物馆，杰拉尔顿，西澳大利亚州，模型
5. 南立面图
6. 北立面图

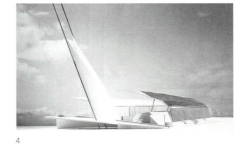

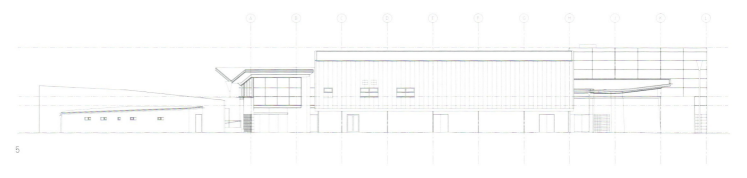

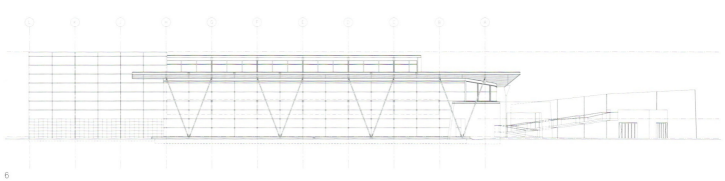

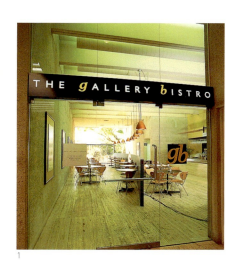

1. 昆士兰艺术馆,布里斯班,经过装饰之后
2、3. 金街艺术中心,珀斯
4. 昆士兰州海洋博物馆,南岸,布里斯班,概念草图,前面是计划中的人行桥

从建筑学的观点看,现在的博物馆和展览厅提供了包括内在和外在的多种解说功能,像珀斯的金街艺术中心那样。汤斯维尔的昆士兰州热带博物馆将古代展厅、海洋展厅和器官展厅有机结合起来,体现了博物馆的三个主要功能。同样地,西澳大利亚州海洋博物馆和昆士兰州海洋博物馆,也都将都市环境与水滨风貌联系起来,反映了它们都市水滨地区的复兴中扮演了重要的角色。

最后,我们要讨论一下文化建筑在社会统一中的地位。这种显著地位通过公开的或潜在的方式表现出来。文化建筑可能利用一种"艺术吧"的形式来促进民众和艺术家的交流,也可以鼓励人们将先前的不同艺术原则结合起来。它们不但可以作为演出场馆,也可作为展览场馆,同时还可以维持一些空间和活动来吸引赞助。通常,它们同时包含了欧洲风格和土著风格,这两种风格不再是分离的,而是结合成一体。它们也可以让观众参观一个医药工作间以丰富他们的知识。

现在博物馆和展览厅的设计不再仅仅面向文化精英,而是面向广大的普通百姓,以吸引更多的人。同时,文化建筑不仅仅是展览或演出场馆,而且是一种丰富的文化资源,包括与文化事业相关的研究活动以及对科学和工业技术所作出的贡献。

过去20多年来,文化建筑在角色、功能和象征性等方面发生巨大变迁。这种变迁部分是由于经济、政治和技术的快速变化发展所造成。同时,文化建筑的功能也从作为文化活动的场所变为文化生活的交互参与,这种观念的转变也是造成变迁的原因。我们相信,这种变迁生动地反映了人们的社会责任感,维持环境、经济、技术、社会和文化发展的平衡,为后代造福。

教　育

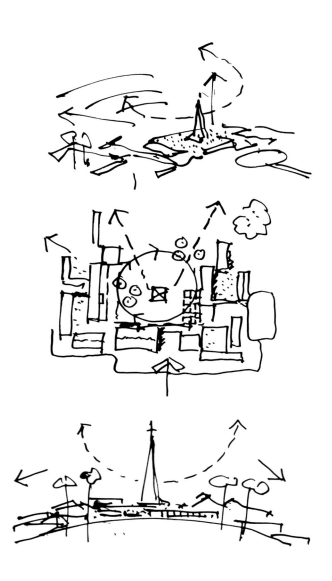

西方的学习研究院至少可以追溯到古希腊，古希腊的哲学家们建立了思想学院。从那时起，学习行为就越来越规范化，直到近代人们才重新采纳了更加灵活的和交互式的学习途径。

在印刷术发明以前，教堂和大礼堂的玻璃窗和其他表面上的描述性文字是染上去的，从某种真实意义上说建筑物本身就是一本书。这种描述性文字的影响很大，以至于维克多·雨果写道，"书籍的大量涌现使得建筑学荒废了，因为它丧失原先传递信息的功能。"

中世纪的大学是由修道院发展而来的，人们通过抄写手写本来传播知识，主题也逐渐超越宗教而进入哲学和自然科学领域。典型的例子是牛津大学和剑桥大学，它们是在学院和具有严格知识结构的广泛演讲课程的基础上形成的。修道院经过扩建成为大学校园，图书馆为所有学院共同拥有，四方院和草坪促进了相互间的学习交流。

学术演讲在大礼堂中举行，教授们在自己充满学术气氛的房间里进行小课堂教学。弗吉尼亚的托马斯·杰斐逊大学是这种模式发展的最高阶段，在庄严的大学校园中，进行学术交流的四方院周围是各学科教授的住宅。显然杰斐逊吸收了古希腊的教学思想，对话是学习和教学的主要形式。把图书馆建在四方院的中心就是这种思想的体现。

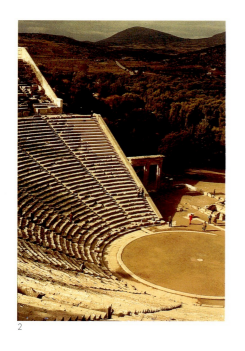

1. 牛津大学，英格兰
2. 古典的圆形剧场——知识的起点
3. 与海勒布雷小礼拜堂和诺曼凯普学院相关的草图

在澳大利亚，最受人们喜欢的第三代学院属于中世纪模式，那里的四方院由大礼堂的廊柱围成，这类大学有悉尼大学、墨尔本大学和昆士兰大学。直至今天它们仍然具有很高的地位，因为它们既具有学习的严谨性，同时也提供了一个开放而又有序的交流思想的场所。

然而在19世纪晚期，人们认为专门的系统科学教育可以取得更好的学习效果，大学被法国式工艺学校取代。吉维特的建筑大百科全书写道，"在这场不寻常的运动中，有效的技术训练要求制定详细准确的计划，同时建筑的结构排列和布局必须适合发展的需要。"（吉维特，1894，P.1093）

法国式工艺学校提供了专门学习的环境，例如在实验室可以进行教学和研究。到20世纪20年代，为了建设现代设施，培养学者和实验人员，研究院将工业设计和艺术结合起来，例如德国包豪斯建筑学院就是这样。密斯·凡·德·罗的伊利诺伊理工学院集中体现了这种新思想。它的校园完全由工业化的建筑组成，分不出哪里是小礼堂，哪里是化学实验室，到处都是学习场所，几乎不受任何限制。

1. 谷仓，托卡尔，新南威尔士
2. C·B·亚历山大农学院，托卡尔，新南威尔士
3. 礼堂
4. 礼堂顶部结构

在西方国家，教育预示了向专业化发展的趋势；然而，令人吃惊的是，西方的教育建筑学却是一片空白。在20世纪50、60年代，教室里不鼓励对话，许多第三代和第二代的校园仍然受到这种传统的影响。

对灵活方便性的要求并没有消失，事实上，人口的变化，生活模式和工作方式都要求建筑更加灵活。伴随这种趋势，信息、通讯和研究技术都减小了地方性和特殊性，而趋向一般化。

在建筑风格与地理环境保持一致的前提下，实现交流和对话的灵活性和方便性，这种灵活的学习环境的创造，是一条联系我们从1964年至今的教育建筑作品的主线。

历史名城托卡尔的C·B·亚历山大农学院坐落在新南威尔士的猎人谷下，它是Cox事务所的创始人Cox和麦克莱(Makay)的重要作品。它浓缩了我们发展至今的建筑实践进程，是一项具有里程碑意义的工程。

这个进程开始于对澳大利亚乡土建筑的重新阐释——建筑与地理形貌的统一、诚实和坚实的结构表现，以及与气候条件的和谐——朝着创造有特色的永恒的澳大利亚建筑的方向发展下去。后来我们进一步发现，这些原则同时适合于乡村和都市，并且请我们进行设计的学校和大学学院都力图做到与地理条件相协调。

1. 麦卡什尔校区，西悉尼大学，总体规划图
2. 中央庭院
3. 湖滨景色

这些原则也被20世纪60年代的其他建筑师所采纳，他们构成了悉尼学派的核心。建筑史学家麦克斯·弗里兰写道，"当1964年苏尔曼建筑奖授予Mckay & Cox设计的长老会的莱宾顿农学院时，进一步加强了这种风格的主导地位。"（弗里兰，1972，P.305）

这种"风格"（Style）起源于乡土建筑，它总是使用不变的功能结构，适应于不同的地形，同时还可以进行扩建。大部分学校和大学学院都有长远规划，既保持了与地理形貌的一致性，同时又为以后的发展和变化留下了空间。这一点可以从几座教育建筑中显著体现出来——纳鲁马高级中学（1976），建立在布什兰州典型的连绵起伏的地带；霍克斯伯里（Hawkesbury）农学院，把历史建筑和现代建筑融为一体（1977—1979）；麦夸里（Macquaire）大学特殊教育中心（1974—1975），建立在郊区的校园里。

校园越大，这种相关性就越强。可以把校园看做一个小城镇，既要有保持轻松的非正式格调，同时也需要进行清晰的规划。这种校园的设计利用庭院来创造聚会场所，利用廊柱和藤架将建筑与自然风貌连成一体，例如在悉尼西南的马卡什尔高等教育学院（即现在的西悉尼大学马卡什尔校区）。

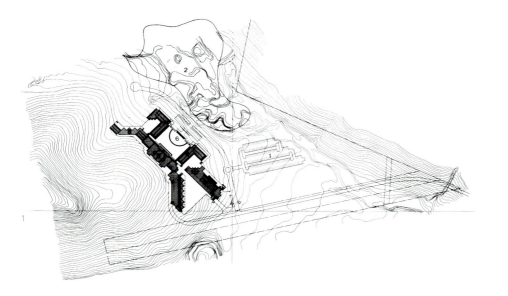

1. 海勒布雷大学礼堂概念草图
2. 堡垒，米尔顿，联合王国
3. 海勒布雷小学的总平面图，贝里威克郡
4. 海勒布雷大学礼堂，凯斯希劳，维多利亚
5. 内部

这种方案没有偏离其他许多学院的一般设计，相反，还实现了教育建筑与环境和社区的和谐统一。这种方案也运用到其他的城市建筑上，例如悉尼理工大学的海马克特校园，它的四座主要建筑被庭院隔开，但又由空中走廊联系在一起；建筑形式与周围悠久的集市环境融合。后来在它附近建造的建筑设计系大楼，反映了统一背景下的不同方面，既保持了与环境的一致，同时又富有新意，从而避免了雷同。

有时，建筑的大背景缺乏这种灵感要素，在设计时就必须创造一种美感以激励学习的积极性，例如维多利亚的海勒布雷小学和海勒布雷学院礼堂。礼堂的设计是为了在校园内创造一个新的焦点。在一马平川毫无特色的地平面上，一座中世纪的堡垒拔地而起，这就创造了一种美，激起了人们的灵感。

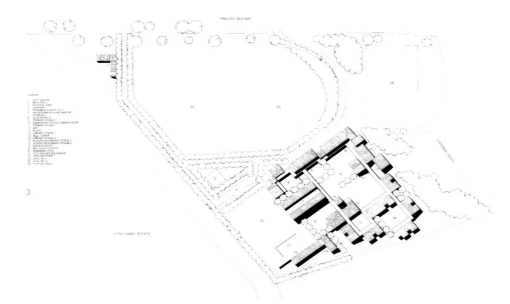

1. 悉尼理工大学海马克特校园，模型
2. 历史背景的阐释
3. 环绕着著名钟楼的图书馆
4. 竣工前的街景
5. 悉尼理工大学建筑设计系，校园建筑和可出租的低矮办公楼最初的概念草图
6. 街道立面图

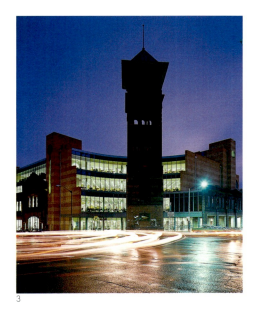

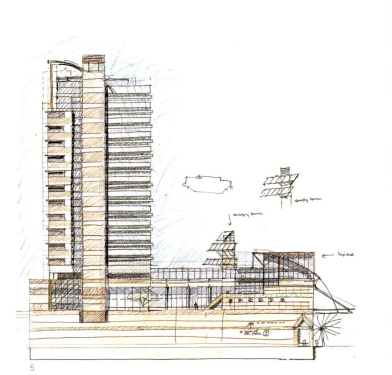

教育 55

1. 柯廷大学新技术大楼，珀斯，砌砖细部
2. 新技术大楼
3. 高级制造技术中心，珀斯，总体规划
4. 内部"大街"
5. 庭院界面

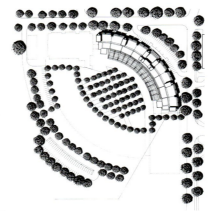

20世纪90年代早期，新技术开始在教育建筑中扮演重要角色。联合研究和资源共享，使工业与第三代教育紧密相连，新的教学方法也在所有层次的教育中大量涌现。当代研究建筑和公共建筑的设计必须既保持与早期校园建筑风格相一致，同时要发展出一种能表达和体现这种基于技术的学习环境。珀斯的高级制造技术中心(1990–1995)和柯廷大学新技术大楼(1991–1993)通过展示和对比的途径体现了这些原则。

高级制造技术中心是一种新型校园，它将工业和高等教育研究结合起来，利用钢筋结构和被动式能源系统来创造一个与技术研究相联系的环境。柯廷工程则采用先进的砌砖技术来实现这种目的，与同时代的其他技术建筑一样，砖块的组合方法和图案多种多样。

1. 资源中心，欧里姆巴赫第三教学区，新南威尔士
2. 开放式教育培训网络(OTEN)，斯特弗尔德，悉尼，主要空间草图
3. 立面图
4. 主脊空间
5. 入口
6. 正面细部

最近的教育建筑作品反映了学习环境的巨大变化。与传统方式不同，这种转变要求教室使用起来更灵活方便，更利于师生相互交流，并能够扩大或缩小，以适应不同的教学需要。当然网络和信息系统也是必不可少的。悉尼的开放式教学训练网络(1995)就是这样一个高级服务工程。通过卫星和电视向60,000多名学生进行广播，同时拥有广播工作站和电子邮件发送中心，使得学生能够随时随地学习。

现在视频会议越来越普遍，已经成为巴拉腊特大学在阿勒特、斯特维尔、霍什阿姆、巴拉腊特四个校园的主要教学工具。图书馆不仅是书籍等"硬"信息中心，而且成为通过国际网和局域网传播信息的资源中心，保持了其原先作为学校和大学学习中心的传统地位。例如，新南威尔士中部海岸的欧里姆巴赫第三教学区(1996)，坚定地将其资源中心作为校园的核心部分，就和历史上的做法一样。然而，无论图书管理员对从20世纪70年代就开始实施的服务和规划多么的无知，通过湖泊和庭院与早期的建筑保持协调，校园与地理环境还是获得了统一。

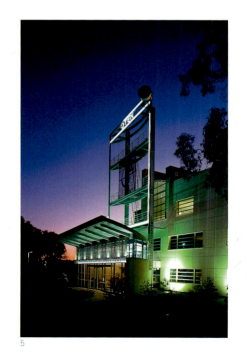

教育 57

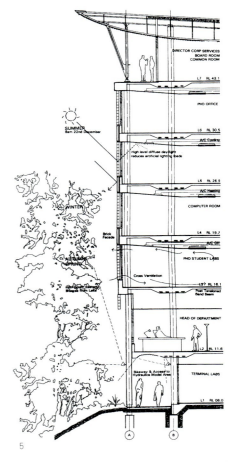

1. 南部综合大楼，昆士兰大学，布里斯班，背景模型
2-4. 外观和细部
5. 周围景观图
6. 未来发展规划平面图
7. 楼下前厅

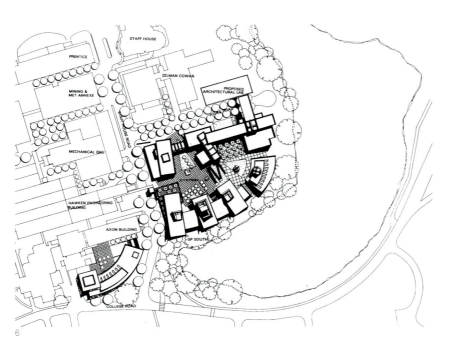

1. 矿业学院，巴拉腊特，维多利亚
2. 3. 帕默斯顿图书馆，达尔文，模型
4. 管理大楼，TAFE的皮尔地区校园，西澳大利亚州

Cox事务所设计的两座功能最为齐全的教学设施是西澳大利亚州皮尔校园TAFE的一期工程和维多利亚巴拉腊特矿业学校。它们既包括专门的教学区、交互式教学区和展览厅，而且能够根据需要布置出各种形式的聚会场所。

另一个趋势是将学习场所和训练场所综合在一起。布里斯班的亚历山德拉公主三级医院是最大的体现这种趋势的建筑之一。这里的教学地点不是集中在一起的，而是成片地分散在校园里，使相关的教育训练可以立即进行。

相应地，大学更需要分开的多功能建筑作为校园里不同学院的信息和资源中心。例如昆士兰大学的南部综合大楼，在设计上就与巴德·布莱尼根(Bud Brannigan)和因诺瓦什(Innovachi)相关联。

这项工程和其他工程一起，证明了20世纪60、70年代发展起来的那些设计原则现在仍然适用。教育建筑要求人性化而不能机械化，要能激发人们创造发明的灵感，兼顾到环保，同时保持与环境相协调，能够与需求的变化相适应。这种趋势是永无止境的。这些设计原则已经存在了好几个世纪，并将在新千年继续流行下去。

南部综合大楼被设计成弓形 沿着校园内的湖边，形成一个美丽的圆周，它包括三个部分，呈放射状排列在大学庭院的周围。不仅在外观上保持了地理形貌的一致，而且内部设施也都是选择性的，可以根据需要进行任意组合。

居 住

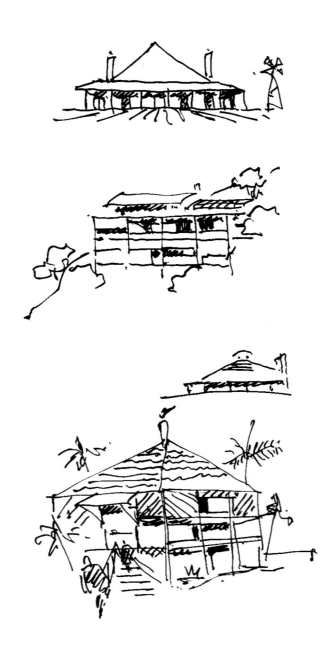

COX事务所的设计声望从开始就与民居的设计联系在一起，我们最早的作品创作于20世纪70年代。当时新南威尔士的住宅委员会针对战后流行的"鸽子洞"住宅而积极寻求公共住宅设计的革新之路。

我们出于对民居设计的兴趣，研究了从早期移民时代开始的澳大利亚住宅演化，从中我们可看出因受气候、印第安平房、以及引入后适应了本地条件的海外样式的影响，该演化呈现出从英国语汇到澳大利亚语汇的转变。这一点同对于乡土和土著建筑潜力的认同一起，形成了我们涉足住宅设计的背景。

本土建筑包括从最早的随处可见的灰泥涂面的木篱屋到内城成片的工人住宅。刚开始，来自于自由存在的本土建筑的演化，产生了影响松散分布、便于扩建的建筑，也直接反映出周围景观和气候对建筑的影响。这种影响力不但在新南威尔士Dural的胡纳(1971)和哈姆布里特(1986)等私人住宅设计中，而且在一些更大规模、中等密度的住宅设计中有所体现。

另外，对我们公共住宅设计的影响也来自于对传统平顶住宅的考察。大多数新式公共住宅是在内城更新时插入。例如20世纪70年代悉尼的伍卢姆卢。通过在伍卢姆卢的福布斯和布劳汉姆街上建造的住宅，这种新的尝试得以实现。这些设计创造了满足现代要求与传统文脉要求的住宅环境，将街道结合进来，成为居住环境的一部分。

1. 金树林街道住宅，悉尼新城
2. 伊拉瓦拉街住宅，悉尼马里克维拉
3. 沃克街住宅，悉尼滑铁卢
4. 金树林街道住宅，悉尼新城，概念草图

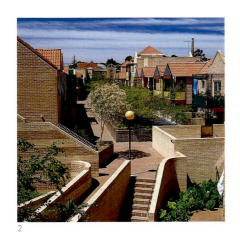

虽然遇到了看似无休止的郊区扩展的时代，我们的住宅设计对于大多数延续至新千年的城市合并与更新项目来说，仍处于先行者的位置。新城的金树林街道住宅、马里克维拉的伊拉瓦拉住宅及滑铁卢的沃克街住宅这些20世纪70、80年代的城区公共住宅开发，就保留了与传统邻里社区精神的联系。

内城城区合并带来了至今未减少的私人中等密度住宅的建设要求。虽然项目都很小，但我们在设计中结合进了公共住宅的教训。以在巴尔曼的卡梅隆斯·科夫的设计为例，它有两倍于附近的密度，但却相当舒适，具有市场可持续性，与已有的环境也很和谐。

为了把已经设计好的城市合并方案的优点移植到城郊环境中去，并控制郊区蔓延，1988年制定了新的住宅示范法规(AMCORD)。该法规提倡在提高密度的同时，不放弃常见的郊区住宅分散的形态。我们位于新南威尔士兰德威克郊区的莫沃利·格林方案就是对这些原则的最初尝试之一，与在预先分好的区块内放置住宅的常规做法相反，我们的策略是先将所有的建筑设计分组，再进行地块划分以适应总图。莫沃利格林建筑的密度要比邻近区域高2.5倍(每公顷有26栋房屋)，但同时仍然保留了熟悉的街道景观和郊区的舒适性。

从更大规模的层面上来讲，我们的设计策略在悉尼2000年奥运村的设计中也得以运用，该设计集中了城市设计与经济可持续发展的原则。最初的整体规划由派德·索普建筑师事务所(Peddle Thorpe Architects)与我们合作提供，设计方案由发展商米瓦克(Mirvac)、城市设计公司EDAW和我们合作提供，奥运村将2000户居住单元组织起来，由一个可渗透的街道网络和开放的空地相连接。综合多种住宅类型，并且可拆分、适合各种私人住房市场的设计原则贯穿始终。

在过去的十年中，涌现出了关于住宅应该向什么方向发展的多种思潮。其中包括杜安妮(Duany)和普拉特·兹贝克(PlaterZyberk)提倡的"新城市主义"，由柯布西耶在本世纪前半叶提出、并由库哈斯(Rem Koolhaas)和努韦尔(Jean Nouvel)这样的国际建筑师加以实践的机器时代住宅的临时改造。这些思路宽阔的观点，甚至包括普林·查理斯(Prine Charle)提出、昆兰·特里(Quinlan Terry)实践的重建旧有村庄的理论，向我们说明对于21世纪住宅设计的方向和特点，似乎没有什么普遍适用的答案。

1、2.福布斯街道住宅，悉尼，伍卢姆卢
3、4.细部研究和跃层设计
5-8.哈姆布里特住宅，Dural，新南威尔士

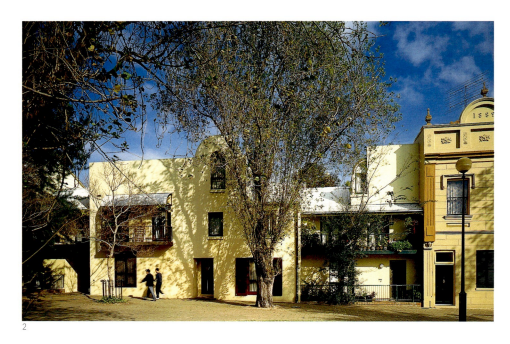

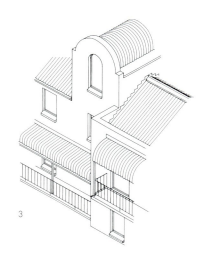

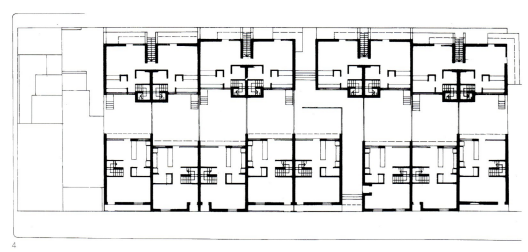

1、2.卡梅隆斯·科夫住宅，悉尼，巴尔曼
3.剖面
4、5.莫沃利·格林住宅，悉尼，兰德威克

1. 金街码头开发计划，悉尼，展销房
2. 立面图
3. 滨水立面的剖面模型
4. 照片合成
5. 计算机建模

讨论继续集中在对复合住宅和单体住宅设计的执行方针上，集中在未来的住宅开发如何才能具有经济上的可持续性上，集中在住宅村落和封闭社区里出现的商住混合开发的优越性上。在任何主要住宅发展项目中，给予这些市场驱动的住宅项目以"可以接受的价格"的讨论一直摆在前边，尤其是在城市中心区，人们希望获得更接近的工作地点以及更接近的娱乐地点。

30年来，我们的实践引起多次讨论，并在创新多功能住宅的设计方法方面走在前列。最近在悉尼的金街码头项目，皮尔蒙(pymont)的鲍曼(bowman)广场项目，布里斯班新农场的CSR精炼糖厂项目和墨尔本的雅克(jacques)项目当中，我们继承了过去的工作，并在寻找着提供未来解决方法的新途径。

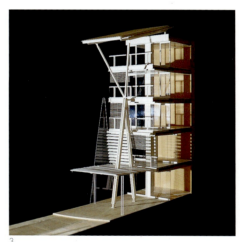

1-3. 菲利浦·考克斯住宅1号，棕榈海滩，悉尼
4. 菲利浦·考克斯住宅2号，棕榈海滩，悉尼，平面，立面，剖面
5-7. 室外，屋顶平台，起居空间

设计私人独栋住宅和设计集合住宅之间的差异在于独栋住宅的使用者是确定的，从而设计的要求也就比较个性化。然而，正是由于私人住宅建筑的设计实践，才使得建筑师能够清楚地认知那些不变的主题，例如私密性、外观、环境的宜人性以及个性对所有住宅设计师的重要意义。私人住宅同样为建筑师提供了进行试验和尝试新想法的机会——以富有想像力的建筑，来满足客户的自主性和愿望。

菲利浦·考克斯在棕榈海滩的两个住宅就是明显的例子。第一座建造在一个现有的、平淡无奇的场地上，角度的选择提供了比传统几何形体更大、更戏剧性、更虚幻的空间。作为一座建在棕榈海滩的精制的亚热带建筑，虽然并非普遍地适用于悉尼，但它对后来昆士兰的私人和复合住宅（例如在惠森迪区的拉古纳码头度假社区）却具有示范作用。第二座住宅位于悬崖之上，屋顶上的开口提供了由天空至起居室的全景视野。在住宅中使用的环境技术如纤维薄膜冷却层和屋顶上的太阳能自动调节器，已经被其他一些更大的设计项目采用。

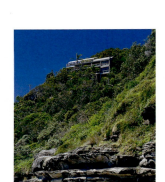

居住 65

1、2. 拉古纳码头惠森迪度假区，昆士兰北部
3. 彻奇街道住宅，布里斯班，局部立面图
4. 院落群
5. 三个建筑设计公司合作设计的总平面
6. 临街立面

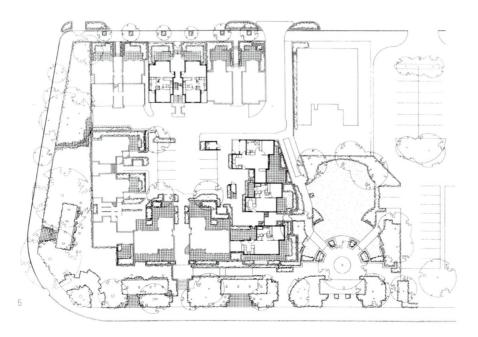

1-4. 米尔顿公园，鲍勒尔，新南威尔士
5. 有古代房屋的一个度假村的总体规划，中间为小型旅馆

度假社区（村）观念的产生是近来才有的事，虽然许多理论家把它看做是对传统村落精神的重新诠释。我们承担的各个度假社区项目之间有着很大的不同，比如在艾尔斯山(Ayers Rock)的尤拉拉旅游度假村与新南威尔士鲍勒尔的米尔顿公园之间差别就很大。尤拉拉是一个包括宾馆、全体工作人员住宅、当地居民住宅以及沿沙谷分布的社区设施在内的项目。社区从当地环境中获取灵感，作为对当地恶劣环境的直接回应。

拉古纳码头则是由一系列被设计为住宅、旅馆、娱乐功能的小村庄组成，小村庄之间为当地特有的茂密树林分隔。米尔顿公园重新诠释了高原区域的英国村庄形象。这些不同社区间以不同的景观显示出所处地域特点的不同。

很明显，现代住宅设计尤其复杂地涉及方方面面的因素，除传统的城区、近郊、农村等因素之外，还有价格因素、私密性、舒适度等随着人口增长而越来越显出其重要性的因素。对澳大利亚这样一个城市化程度很高的国家而言，它有沿海岸线连绵分布的海边城市和小镇，类似的要求尤甚。

我们面对的新一代住宅设计趋势是这样：以家庭为主，在技术支撑下与工作中心发生联系，这也引发许多逆城市集结化趋势的近郊生存方法。以家庭为基础的设计也许还会引发新的概念，诸如不同的混合使用，甚至下店上宅，前店后宅的商住合一的住宅类型重新出现。多谢我们的有想像力的客户，我们得以在诸多领域进行探索，同时应该说，住宅设计的发展也是我们近30年来最激动人心的研究之一。

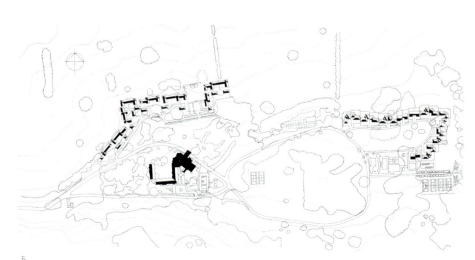

医疗卫生

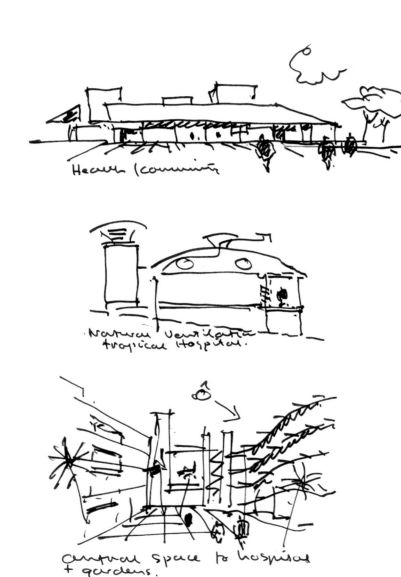

Cox事务所涉足大型医疗卫生建筑这一特殊设计领域较晚,虽然从20世纪70年代就已有过建于坎巴(Kambah)和ACT的贝尔康嫩(Belconnen)社区医疗中心设计等小型项目的设计经历。

我们进入这一领域主要受两个因素影响:第一是与总部设在悉尼的麦康奈尔·史密斯·约翰逊(McConnell Smith Johnson)事务所的长期合作;第二是意识到未来的医院必将发生与过去的医疗机构不同的、戏剧性的变化。我们相信,正如已有的医院设计惯例将不得不进行一些调整以满足新的需要,我们也能够发展出新的满足这些要求的方法。

1995年,我们在昆士兰成立了联合公司CoxMSJ,从事州内2.4亿医疗卫生设施中医院部分的方案设计,公司获得了对该州扩建很重要的亚历山德拉公主(Princess Aleranda)医院改造工程,洛甘(Logan)医院改造工程和新星期四岛(Thursday Zatan)医院工程等,另外公司还于此前承担设计了北马来西亚培里克的特卢克因坦区医院(160床位),该工程于1984年完工。

我们的创新在于,建立了一个与国际研究中心、医院设计公司信息共享的网络,另外对新建的海外医院也进行了详尽的研究。这些创新与澳大利亚的潮流一起,使我们坚信,未来的新医院设计一定会与传统模式有极大的差异。

1、2. 布鲁克地区医院，奥地利，多梅尼格与艾森科克建筑师事务所
3. 坎巴社区医疗中心，堪培拉

主要的转变体现在：从设计一座纯功能、实用建筑向把医院突出为社区中心的转变；从只重视投资成本向平衡投资成本与二次成本间的关系的转变；从固定设施到灵活设施的转变。

"新"医院要反映这样的趋势：医院作为在疗后休养和疗养阶段起更大作用的社区中心，将更多地容纳短期病人，而非长期病人。最后，设计不再是单纯建立在图纸基础上的公式化设计，而是基于对一个独特区域的现在和将来可能需求的准确理解，而这些理解又是基于医疗工作者在服务这个地区时所获得的医疗知识上，是有地方性的。

这些变化，尤其是在适合当地情况的设施方面，使我们很感兴趣于利用建筑设计来反映医院的"地域性"的可能，这一点有别于忽视当地文化结构的传统的公式化设计。

一个非常有趣的现象是，在传统建筑书刊中，却很少提及医院建筑。直到1929年，阿尔瓦·阿尔托在芬兰的帕米奥(Paimio)疗养院才荣获非凡建筑的称号，即便该建筑获青睐，原因也是因为建筑身处"严酷的寒冷"的特点(Jencks, 1973, P.181)国际《建筑评论》(Architectural Review)杂志在它的1991年2月刊中对医院有所涉及，但医院也只能是归属于"健康与运动"这一分主题，并且只有三座医院入选。刊中提到对医疗建筑缺少兴趣的原因："文明世界中一个大型地区医院是最令人沮丧的地方了。很可能因为，医院各项活动总是在一些规章下进行…医院建筑中常常表达的是人在生理方面的要求，而非心理上的要求…但正是因为如此，医院这种初看令人沮丧的建筑类型才是最需要想像力、艺术与工业能力。"(Davey, 1991, P.23)

1997年的世界性调查研究证实了缺乏令人鼓舞的成功的医院建筑，只有在奥地利布鲁克的一所地区医院中，才真正看到医院有这样的一种亲切平易的性格，看上去不像是一座医院。其他地区尤其是北美，许多作宾馆状的医院也是尽力融入一些复杂的功能于设计中，以求对现状有所改观，但效果了。

我们需要另一条设计方法，来使人们意识到，拥有最复杂功能的医院，也是社区的组成部分。医院的每个部分，无论哪个部门，或是某个咖啡座或病房这样的公共场所，都有它各自的尺度、功能和目的。这一现实会衍生出一种设计方法，这就是自内而外的设计方法，它能够使医院分化为可控制的单元，正如社区之于城镇。

1、2. 特卢克·因坦(Teluk Intan)医院，培拉克，北马来西亚，室内和室外
3. 总平面

设计方法与能否产生可以反映所在地区特点的医院作品有很大关系。大多数人，无论病人、医职人员还是参观者，都只会经历一个医院的至多三个部分——入口与出口、他们关心的部门以及公共设施——这就解释了为什么"公式化"的设计无法超越功能的范畴，从而难以激起医疗人员的热情，而且总体环境也使心灵治愈难以完成。

我们设计的三个新医院——位于布里斯班的亚历山德拉公主医院和洛甘医院，星期四岛医院，都是在"从内而外"和"从外而内"的设计方法同时采用下进行的。新建的公主医院，拥有760张床位，是三座医院中最大和最复杂的，在一座已落成的设施先进的心理健康楼、老年人康复楼和脊椎创伤楼的园区内两翼加建急诊与住院楼。72个咨询团从环境、功能使用等方面对设计方案提出意见。每一个团体都有不同的需求，尤其是在灵活性方面。另外一些团体（不是很多）预言了他们未来的要求，其中许多因新技术带来的要求永无止境，新的发展确实非常快。

灵活性需要充斥于各个环节：空间分配与联系，建筑与医疗设施，通讯与记录系统。自动化变得越来越盛行，"无纸"医院很快就会出现。对医院建筑来说，矛盾在于产生社区感这方面——负责任和无限变化的设计是一对矛盾，削弱了永久的社区感。

亚历山德拉公主医院的解决办法是，为人流和设施设置了一系列的"圈"（围绕着的院落），"圈"扩大了医疗人员在相关功能部门间的行动，在避免对门诊及住院部干扰的同时，提供了设施灵活变化的可能性。院落提供了室外空间的焦点，以及提供了解决在医院设计中最难避免的方位感不足的问题的方法。

这一设计产生了一个不同于"宾馆"或"机器"的确定无疑的医院类型，同时也推进了心理精神健康恢复和隐性治疗。水平方向深深往里凹进的立面引起的阴影，避免了因满足眼疾患者怕见光的需要而使风景变得晦暗的问题，深深的凹槽可使设备放入其中并容易拿取。艺术家们也被吸引而来合作研究促进多文化融合与传播医疗精神的理念。

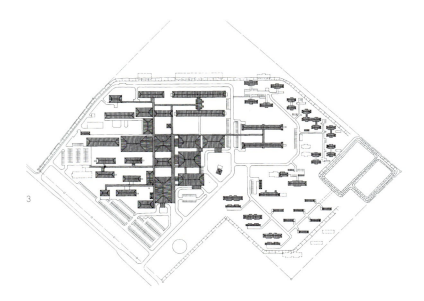

1. 亚历山德拉公主医院，布里斯班，总模型
2. 总平面
3. 施工时的内院
4. 施工时的北立面
5. 穿过内院的剖面
6. 街立面
7. 北立面

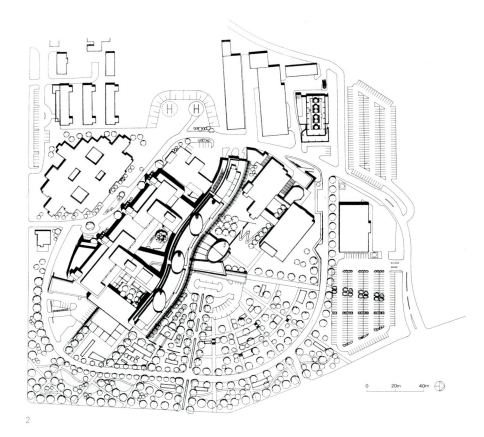

医疗卫生 71

洛甘医院在把一座新医院加诸于一座为不同建筑语汇表达的老医院时，遇到了不同的问题。老医院是一座严格的公式化建筑，一系列方盒子拴在一根直线上，从头到尾200m长，新医院设计了一些平行建筑或者说一系列与主轴垂直的指状单元，并进而产生了环绕线型院落群的新的环形路，环路首尾连接，形成了连续、有效的交通系统。

新建筑中有一系列的棚屋，取代了部分原有的结构，并建立了一个占主导地位的新的建筑语汇。伸出的平台使室内外空间有所交融。公共空间中最关键的是一条镶玻璃的"街"，位于中心并且与各个单元垂直相交，联系起了所有的公共场所：主入口与接待厅、急诊部、药房、咖啡座等。与亚历山德拉公主医院类似的是，其目的是建立一种社区家园的感觉，清晰地展现医院的各个部分，减少紧张和慌乱。

1. 洛甘医院，布里斯班，药品楼
2. 通向急诊楼的桥
3. 三部分的北立面，从左到右依次为：住院部，临床部，公共区
4. 总平面（深色为新建部分）
5. 从急诊部前院看公共区

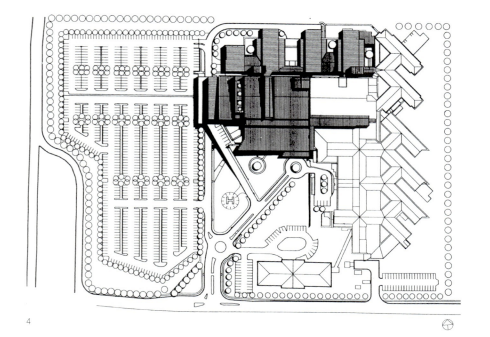

1. 星期四岛医院走廊一角
2. 亭子
3. 鸟瞰

我们用于星期四岛医院的设计方法又有不同,这座建筑的出发点是岛屿文化,同时参考了当地建筑特色——上扬感、轻盈、可延伸的结构、跳动的色彩以及比闭合形式更有价值的开放空间。这是因为此前一座医院没有重视传统特色,因而导致人们的反感。

医院有一系列平行的带走廊的亭子,都只有一层,主入口和前厅都有微风穿过,有微风的长廊连接着入口,通向小礼拜堂,通向大海(很重要的文化联系),太平间因为文化原因而从主体中分离出来,长廊斜梯和圆顶地下室使人们对医院产生一种拥有感,并会对它产生一种不是平常限制探视时间的医院,而是社区中心的感觉。

CoxMSJ不断追求新的运营效率和先进技术,同时也对目前医疗建筑中普遍疏忽、漠视人的价值的现象作出了强烈的反应。

情况会变得越来越复杂,每一个医疗建筑的重点将不可避免地放在提高设备效率、技术灵活性和经济规模上,政府的地位将不再是提供医疗建筑,而是提供医疗救护,前者将由私人投资替代。私人医院与公共医院合作将成为趋势,它们将通过分享资源、带来多客户以达到节约,于是相应的设计会更复杂。人口状况也会有所变化,比如老人群体的问题,提前与集中的治疗与长期分散治疗的争论的问题,以及更多变数带来的不确定的问题等。但无论如何,我们相信,它们不会阻止医院设计的长期需求,那就是寻找新的令人振奋的方法来对医疗进行快捷和理性的改善。

商 务

在20世纪大部分时间内,办公建筑取代了城墙、教堂、城堡和工厂等历史上曾经出现过的城市象征,而成为城市的同义词。但在近二十年间,办公建筑开始走向衰落。市中心的经济压力和办公建筑的过剩,决定了新发展模式的产生,对于沿江和滨海城市来说,恢复发展滨水地带的娱乐、休闲和零售,已成为普遍趋势,而在其他城市,随着阻止郊区化蔓延和卫星城分散发展的急切呼声高涨,城市更新和强化也已成为热门话题。

当这些戏剧性的变化从总体上恢复了市中心周边地带的生机时,城市商务中心却总是被避而不谈。同时,随着办公建筑需求下降,还出现了很多对办公建筑未来地位的推测。

悲观的观点包括:相信技术支持会使家庭成为未来的办公场所;相信因为交通与传播拥阻,会形成许多离家很近的卫星办公中心。这些观点都预言中心商务区会衰亡。"积极"的观点部分接受了上面两种趋势,但同时也认为市中心仍然会为一个核心区域所控制,这个核心区会保持象征性的力量,至少会带来人们交往的高效性,而这一点是技术支持所无能为力的。这一观点的前提当然是交通设施的改善以求更容易到达。事实上,全世界似乎都在朝这个方向努力,也许这是新千年的一个共同观点。

1. 悉尼CBD，星城最显要的地方
2. 从1988年世博会开始的布里斯班城市中心的复兴
3. 劳埃德银行，伦敦，理查德·罗杰斯事务所

同时，办公建筑能够反映出城市在一段时期内的特点，但这种可能性并不意味着所有办公建筑都是只是近十年间的风格。现在因针对玻璃幕墙、高能耗的办公建筑而提出的来自环境和经济压力两方面的质疑，导致对传统办公建筑的重新审视。客户提出越来越多的要求，包括办公室内消遣、餐饮、购物设施，使得办公建筑舒适性越来越受关注；还有日光和景观，应当让所有人共享而不仅仅是高级职员的特权。这个变化符合因商业全球化和技术经济而产生的全天候工作要求。

商务的本质也同时变化，商务公司已不再像前几年那样开拓多样化市场以求生存，他们把重点放在项目的核心部分上，而把边缘部分工作分包给专门的公司；另外工作场所内的等级制度被打破了，集思广益取代了独裁而成为基本的管理模式。工作场所受技术影响很大，技术一方面被看做是使人们从单调乏味的办公生活中解脱的方法，对另外一些人来说，它又可以创造自动的、秩序井然的办公生活。

虽然办公领域的这些变化有些是内在的，但我们相信它们会在未来苔来办公建筑整体的变化。

今天这些变化带给办公建筑的影响，似乎主要反映在它使得一些办公建筑卓而不群（比如理查德·罗杰斯事务所的伦敦劳埃德银行），有的像一个高科技大机器，有的像一棵高耸的大植物从古老的石头肌理中长出，或是像一个巨大雕塑张扬地站在众多平淡的高楼大厦中。

我们并不是对这些现象提出批评，因为相对那些戴着不同尖顶只是卷曲的玻璃流露出不和谐的情调，或仅仅是出入口有所不同的高塔，现在的情况已经是进步了。高科技和雕塑一样的办公建筑，至少在一定程度上反映了城市中心区的规模与活力，可是一般来说在城市边缘倒会出现探索人性化和立足环境的办公建筑，比如马来西亚建筑师杨经文(Kenneth Yeang)在亚洲的生态办公建筑作品就是这样的。

商务区虽然不太受城市中心高密度的网格的限制，但很少具有较强的创新性，也许是因为在商业建筑的开发过程中，建筑师的声音是最弱的；也许是因为这些环境自身的投机性。

1. 国家心脏基金总部，堪培拉
2、3. 第一号太平洋高速公路大厦，北悉尼
4. 康诺斯通办公楼，悉尼

我们的商业建筑设计包含了对城市中心、市区边缘、郊区等不同地域各自特点的理解。总的来讲，我们在致力于改变商务实践和技术的同时，不牺牲文脉的连贯和人的舒适安逸，因此我们的建筑要比那些貌似复杂的高科技、后现代或故作姿态的建筑更丰富。

我们最早的办公建筑是在堪培拉一系列的全国总部，包括国家心脏基金总部、国家私立学校委员会和澳大利亚国家联合会，在不完全清楚将面对什么样的租用者的情况下，这些建筑仍然表达出一种暗示的欢迎姿态。

1985年我们被指定设计了在CBD西侧的一个60000m²的办公项目。该项目与一个宾馆、会议中心和一个公众花园联系在一起，堪培拉国家会议中心使得这些不同的建筑类型交织在一起，并且形成一系列院落和步行街。这个建筑使用一种当时还很先进的玻璃(纤维)增强混凝土板作外饰，在上面涂以不同颜色以给本应千篇一律的办公立面一种让人耳目一新的感觉。

这些建筑还要克服的问题是市中心的单调和办公建筑的比例失调。我们在北悉尼的第一号太平洋高速公路大厦中，就使用颜色鲜明的花岗石创造出一个曲面的雕塑形象。这一灵感来自于圣马里德菲奥(Santa Maria del Fiore)教堂和佛罗伦萨的钟塔等文艺复兴时期建筑，白色的卡瓦特(Cawarat)大理石与普雷托城(Prato)的绿色和西纳(Siena)的红色配合使用，这种方法后来得以发展并在悉尼CBD的康诺斯通办公楼中再次使用。

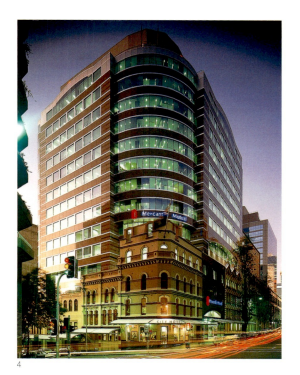

1、2.皇家公园旅馆，堪培拉国家会议中心
3.堪培拉国家会议中心办公开发项目，总体模型
4.调节和控制阳光的立面细部
5.办公楼立面和庭院

在20世纪90年代，新式高层办公建筑不断升高的建设费用和需求量的减少，与创造令人振奋的工作环境的潮流，使重新整饰历史建筑成为风气。这股重新利用废弃老建筑的建设风气中，一般通过老与新的对比来创造戏剧性的室内空间。例如，悉尼的胶粘剂仓库和老珀斯赛马俱乐部被复合结构技术改造为新的公司总部就是这样。这种设计实践很好，不但丰富了城市肌理，而且创造了一种比新式商业建筑更加人性化和空间多样化的办公文化。

1-3. 肯特第一大街，悉尼，胶粘剂仓库被改造作为办公建筑
4-7. 老的材料库房，布里斯班，改造后作为办公室、公寓和饭店的多功能建筑
8. 克莱伦斯街204号，悉尼，改造成为办公室和公寓
9. 老珀斯赛马俱乐部，改造成为公司总部

在东南亚城市中，情况就不同了。建设密度提出了高层塔楼的要求，大多客户要求建筑能够反映一种至少能与西方相比的发展精神，马来西亚的莫德卡大厦(Merdeka Plaza)和中国的金矛大厦(Goldspear Tower)就满足了这些要求，但同时仍然融入了一些小规模的平台和花园以创造宜人空间。塔楼内还有不同的俱乐部、购物中心、职员工休闲及小型宾馆，以形成不同的室内环境。

1-3.FHA 图像设计室,墨尔本,室内

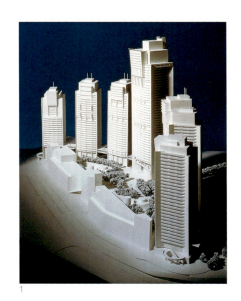

1. 梅尔德卡广场，吉隆坡，模型
2、3. 塔楼立面
4. 韦斯特拉利亚广场构想，珀斯，模型
5. 梅纳拉·格罗拉大楼，雅加达，模型
6. 金矛大厦，天津，中国，模型（现已完工）

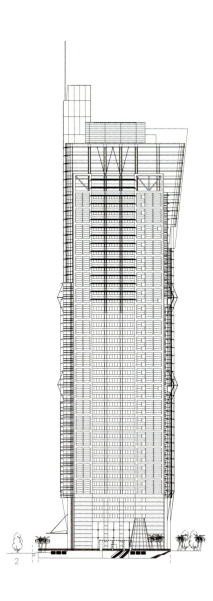

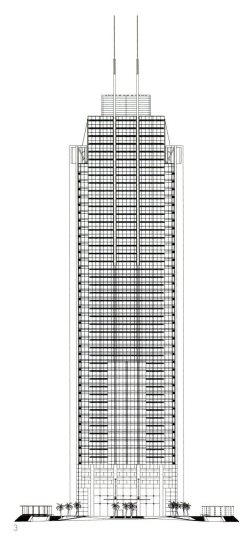

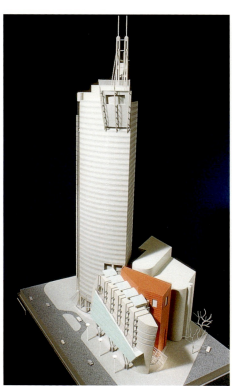

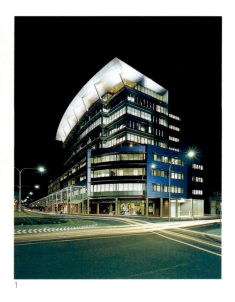

在未来，建筑师会面临不断增长的压力，包括更加清晰分类的建筑系统，需要灵活性以适应新技术，减少二次投资。这些压力的结果可能会产生新的环境策略，也可能会因此减少办公建筑中的社会文化因素。但无论如何，我们要努力避免重复以前的错误，避免办公建筑从城市生活中脱离，避免工作人员在无生趣的环境里工作。我们新建的捷斯中心(The Thiess Centre)就是一个较成功的例子。该建筑与沿着布里斯班南岸公用场地修建的大街(South Bank Parklands)的总体规划呼应，该街包含办公、居住、文化、娱乐等多种设施，这说明办公建筑是"密闭信封"的时代一去不复返，而成为城市文化的组成部分。这是私人办公消失和开放规划受宠的必然结果，同时在合理使用新构造与新设施技术方面作了尝试，打开了办公建筑这一信封的封套，使它参与到城市生活中来。

1. 捷斯中心，布里斯班
2、3. 商务和运动综合建筑，台北，概念模型

零售业与娱乐

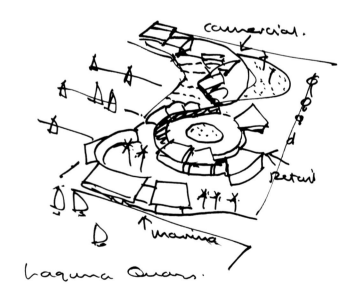

购物与教育和工作一样,是人的基本行为。购物的原因从满足享乐到满足生存,多种多样。购物行为非常频繁,几乎每天一次,这是它不同于去剧院或电影院的地方,因此它又可以被称为一个很严格定义上的文化问题。商业街(shopping streets)在历史上是每一个城镇的心脏,在那里人们购买生活必需品以及与朋友聚会,商业街的这一地位在30年前为大型购物中心(shopping mall),这一20世纪的集市所取代。但在前10年间,商业大厦的模式有所变化,商业行为与街的形式又结合在一起。

造成这一转变的原因很多。一是人们意识到无论哪个城市(也许不包括在最冷的地方),街道生活是非常依赖于购物行为的;另一个原因是竞争的压力使然,商业街能刺激购买力,商店与娱乐文化设施一起设置会延长人们的停留时间,对商业本身有利。

事实上,大规模的零售建筑很少获得建筑意义上的成功,因为它缺少其他大多数建筑类型所具有的严谨。被设计成一个光彩夺目的大家伙,有后现代的色调和熟悉的家庭气息,使各地的零售中心都大同小异。为了打造个性,开发商们转向在零售中心中增加高技术的娱乐设施,以功能上的与众不同来提高竞争力。

这种趋势也许会造就那种炫目的粗糙的建筑，但如果从引入一种现代文化的精神的角度看，它也许很有意义。举个例子，主题娱乐设施和零售商业的混合，使得纽约时代广场从以前的没落转变为一个大众文化的栖息地。

在我们所设计的较大规模的零售商业建筑中，我们同时追求先进的娱乐技术和结构技术，以求通过建筑来表达一个地点的精神。一个例子是在悉尼星城内的新利里克剧院综合体，通过在内部建造一个透明的多层的"筒"，改变了大厅封闭的感觉，在井中上下的人群本身成为一种景观，星城内大多数零售业的出口都正对着一些室外平台，平台间以楼梯或斜坡相连，结合其中布置的艺术小品以创造反映地方文化的交流场地。

1. 莫斯曼街，渣打大厦，昆士兰，带骑楼的传统主干道
2. 星城，悉尼，商业零售区
3. 利里克剧院，星城，悉尼，街景
4、5. 星城的艺术品

零售业与娱乐

1、2. 新加坡海洋广场改造工程，草图
3. 展示抬高的地面公共场所和其下的停车场的剖面
4. 工业城，悉尼，入口大厅
5. 零售商业区一角
6. 中庭

零售空间将门脸面向室外，正好与现在所有的大型购物中心的做法相反，而这只有在室内设计而不是建筑物才能做到这一点。新加坡的奥查德(Orchard)商业街就是一个因忽视外部公共领域而导致商业利润下降的例子，空洞的墙面隐藏着内部的奢华，无法吸引顾客。对于这样的商店，"进入"行为不是自然而然发生的。

我们在新加坡所设计的海洋广场改造工程，从整体规划阶段开始就是要模糊休闲、娱乐、购物、交通等各种行为的界线。该项目的中心是一个适应气候条件、由可开启的半透明天棚覆盖下的广场。天棚是一个很吸引人的环境因素，但同时我们更希望它能具有模糊室内外边界的特点，从而被赋予零售大厅和公共开放空间的双重属性。

该项目中的一个重要特点是在整个临水区域抬高了地面的高度，于是停车场、电影院、剧院等需要"空地"的设施都可安排在"地下"。这样做的优势还有，商店及其他吸引人的地方都被抬高，离人群不是很远，经由坡道可方便到达。这一个商业空间还是一个通道，两端分别是一个港口终点站和一个交互式海洋博物馆，仿佛两块磁石，吸引着人们在商场中穿插。

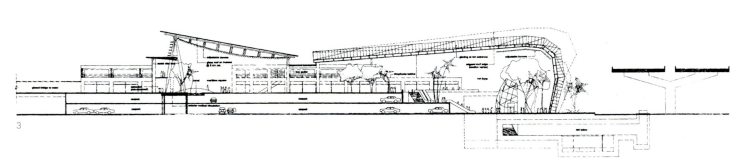

1. 新加坡世博会，洽谈区
2、3. 约翰·阿兹美美发沙龙，悉尼
4. 昆士兰艺术展览馆，布里斯班，展览馆的小咖啡座

在我们的大型零售商业建筑开发项目中，我们利用以前做文化、技术、教育、娱乐项目的经验来丰富零售建筑设计经验，即便是在功能最单一的购物环境中，比如汽车展示厅，我们也能发现这样一些业主，他们对利用一些诸如网吧和游乐场等设备来补充介绍自己产品来轻松购物的环境很感兴趣。

商人需要针对"家庭购物"模式对购物中心带来的威胁，零售商希望能提供可娱乐家庭的设施与环境。另外一点是所有的购物中心不能再千篇一律，具体就体现在建筑的形式和空间不能再千篇一律。

对独特性的要求，个体零售店也是一样。在我们为Sportsgirl，Sportscraft和David Lawrence时装店所作的项目中，衣物被整齐但很随意地摆放在躺椅、桌子和长凳上，以营造一种很强的家庭参与气氛。这几个商店不像是在一条小路旁边的一堆鸽子窝，而是一串连续的对公共空间打开的购物小环境，带给你以不同的感受。

与历史上形成城市公共生活中心的购物场所相比，以上所提并没什么大不同。这就证明了，虽然各种文化不尽相同，任人们对那种人性化的互动、热望、惊喜、戏剧性的偶遇等等有着同样的偏好。同时，零售商也在不断寻求购物场所的独特性。他们中许多放弃了在大厅中那种庄重的购物气氛，而倾向于借助面向大街的个性化铺面来吸引客流，所有这些都会对新千年的零售建筑设计有所启示。新千年中购物不会再是单纯的商业行为，而是日常文化生活不可或缺的一部分。

1-3.Principles 专卖店，悉尼
4-6.艾德纳餐厅，悉尼
　7.Sportscraft 专卖店，坎伯韦尔，维多利亚

1. Sportsgirl 专卖店，墨尔本，室内
2、3. David Lawrence 专卖店，伯恩赛德村，南澳大利亚
4. David Lawrence 专卖店，室内

研究和技术

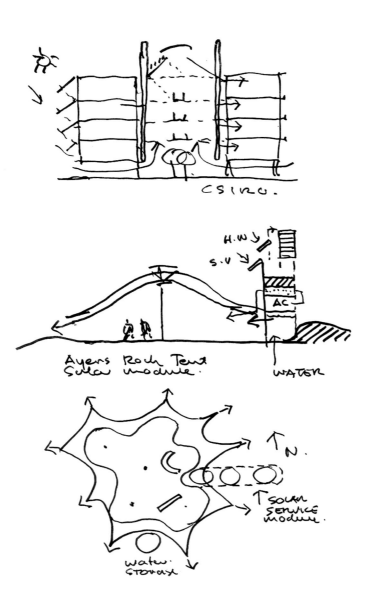

对于今天的建筑界而言，技术上的变化是最受关注的话题，无论哪一个设计概念领域都如此。文化建筑中，"互动"技术是"现场"展览馆和画廊的概念；商业和教育建筑中，信息技术变得越来越热门；娱乐建筑中的虚拟现实；科研建筑中孵化与加速器的新概念；甚至在法院建筑中，虚拟法庭也已投入使用；医院中"机器人"和通讯系统现在都是很平常的了。

不管现在技术领域的变化有没有像当年发现地球轨道的时代那么快，看上去技术是改变所有既定条律的重要力量。贯穿其中的是对经济可持续发展、生物圈效率和无纸社会的追求。与其他专业一样，建筑师不得不与新技术站在一起，并且甚至要组成专门的技术研究小组，不只是针对使用建筑，还包括技术在建筑材料、结构、服务与管理系统中的应用。

一个愈来愈受关注的问题是技术与生活质量间的关系，不断进步的技术是否会给个体以更多的休闲时间，回答并不是很确定的。一些人说家庭办公室的工作会导致中心商务区的衰败，但中心商务区每年还是以很可观的速度发展。这也许可以看作是人们希望在技术进步和保持人际交往二者间寻找平衡之愿望的表现。

1. 开放式培训与教育网络，悉尼，工作室
2. 悉尼展览中心，达令港
3. 技术城，悉尼，入口大厅
4. 尤拉拉旅游度假村，1984年，澳大利亚最早大规模使用被动式能源系统的建筑

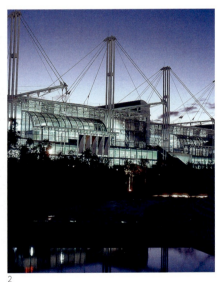

全球城市的一种最明显平衡就是在遍布办公建筑的城市中融入文化、娱乐与休闲设施。中心区生活质量有所提高，不但会提高办公建筑发展的吸引力，而且会因为模糊了办公与居家的界线而提高内城生活的吸引力。由此可知，推进技术发展与提高生活的社会、文化、环境质量两者都是非常紧迫的。

对教育而言，这种平衡更是始终存在的。教育出现在不同的范围内，受学习环境的物质属性和社会属性的强烈影响。学习的快乐来自于孩子们因渴求知识和想像力而引发的发现欲中。

技术能带来大量的信息，但是技术本身不是获得知识与理解的惟一因素，交流与辩论的能力也很重要，而建筑就在形成一个可以交流辩论的环境过程中，扮演很重要的角色。

医疗建筑也是如此，一方面使医院成为"治疗机器"是很热门的一个潮流。另一方面，也要强调营造更为人性化的环境，来减少"住院率"，提高经营性成本的效率。要二者兼顾是很有挑战性的，我们既要推行一些前所未有的医疗新技术，又要设计出环境宜人的医院以适应心理康复的要求。

当我们把工作重点放在规模、周围环境和景观上时，也一直出于社会与文化效果角度考虑而使用新技术，并从中受益，20世纪80年代和90年代，我们的体育馆和展览中心建筑中，新结构工艺就被屡屡采用以创造精彩的形式与空间。同样的，在尤拉拉度假村和凯恩斯会议中心采用的被动式能源系统，也表达与阐释了我们的建筑。

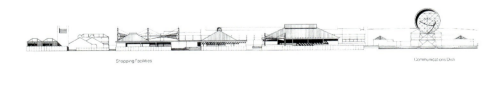

1. 里奥廷托研发中心，墨尔本，入口雨篷和前厅区
2. 街道与信息交流区
3. 澳大利亚制造技术中心，珀斯
4. 室内
5. 立面

近些年来，我们参与了一系列以科学和技术研究为主要目的的项目。我们发现在此类建筑中营造利于交往和激发人产生富有创造力想法的环境，其重要性一点不亚于教育与医疗建筑。例如在里奥廷托研发中心和珀斯的澳大利亚制造技术中心，我们安排了一条室内街来串起许多正式和非正式的会议空间以供研究者交流。在墨尔本，里奥廷托研发中心内中心广场大厅的采用使得商业空间得以联系合并。

这些方案都采取了混合组织各种研究团队的原则，而并非传统的严格划分区域，这是一种"以工作为本"的设计概念，团队间可以合并以适应特定任务，这比各个团队各守其土要有利。这种原则证明了"街"与"广场"两种空间的社会价值，因为街和广场能灵活容纳各种复杂的设施，如防雨和防晒的长椅，以及销售服务。

更重要的，个人与群体间的一种平衡也要保证；比如，空间要使不同规模的团队高效安全地工作，同时又要保持该空间中个体的舒适性。

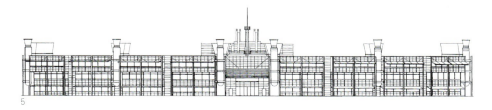

1. 新技术楼，柯廷大学，西澳大利亚
2. 豆类植物联合研究中心，西澳大利亚大学，珀斯
3. H型组合，澳大利亚技术园，悉尼，预计发展模型
4. 立面

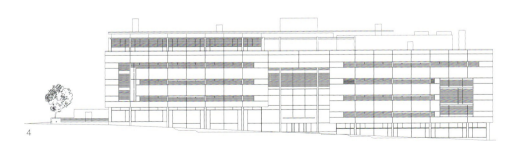

当代研究性建筑的一个主要特点是要求"快"，即便是对于有室内研究小组的大型研究组织，对研究成果的商业要求也同样重要。成果能否投入市场，关系到能否继续得到赞助。因此如何通过建筑把自身展现给客户和公众是很重要的。柯廷大学的技术大楼和西澳大利亚大学豆类植物(Legumes)联合研究中心就是这样定位的，结合各种设施的布置，形成很宽松的研究气氛以塑造研究中心的个性。

我们在悉尼设计的最大的研究项目是在北莱德的联合研究综合楼。由澳大利亚食品供应和联邦科学与工业研究组(CSIRO)的原子科学分部合并组成的该中心可以从事原子生物、生物材料和食品技术方面的联合研究。设计中将一系列正式与非正式的交往空间组织起来，核心是一个容纳图书馆与会议室的线型大厅，同时该建筑也有很多用于研讨的积极或被动式的外部空间。

我们也参与设计了一些在技术园内的个体研究机构。这些研究机构成为组织者共享信息资料的论坛。比如与悉尼大学毗邻的澳大利亚技术园内的Johnsonh & Johnson实验室。

现在的技术园区经常与个体公司联合开展研究，同时给予个体研究组织足够信任，使双方都能受益。澳大利亚正在维多利亚或昆士兰建设它的第一台"同步加速器"，工程很关键，时间很紧，研究者来自世界各地，他们准备充分但时间有限。因此对于这些研究环境的质量，提出了很高的要求，只有这样，研究者才能有更高效的状态。并且一般而言，工作地点也是他们的生活地点，这也是提出对环境更高要求的另一个原因。

1. 语言中心，拉特鲁伯大学，墨尔本
2. 帕克研究中心，拉特鲁伯大学，墨尔本
3. 工艺中心，bentley，西澳大利亚
4. 总平面

另外一个趋势是研究人员和科学家不再与公众生活脱离，而公众对研究活动也不是那么的无知。因此，现在一些大的研究性建筑都倾向于在大学校园或内城选址，而不再是在郊外。这就要求在设计中更注重与城市环境的统一，例子之一是澳大利亚技术园和昆士兰将要建在内河边的毗邻我们新建的亚历山德拉公主医院的一个技术园项目。在西澳大利亚技术中心和拉特鲁伯(La Trobe)大学研究园中，研究人员的研究活动甚至都像是商店内的陈列品一样展示给外界。

同样的，其他类型建筑中的研发部分，也有越来越强烈的与公众接触的趋势。在新医院，比如布里斯班的亚历山德拉公主医院中，研究与教学部分穿插在临床与住院部间，在给研究者以接近现实感的同时，给公民展示连续的研究实践。

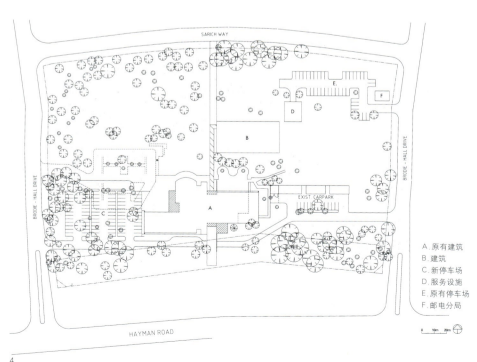

A. 原有建筑
B. 建筑
C. 新停车场
D. 服务设施
E. 原有停车场
F. 邮电分局

1. 昆士兰热带博物馆，汤斯维尔，室内
2. 新加坡世博会，环境研究草图
3. 新加坡世博会的信息技术展览区

这一点在博物馆建筑中也很明显，比如在汤斯维尔的昆士兰热带博物馆，复原研究区就是可参观的，给参观者一个新的经历，同时使研究者意识到他们在当今社会的地位。我们在新澳大利亚海洋博物馆的设计中，看到了"还原真实环境"的概念从娱乐建筑向文化建筑的扩展。"真"的陈列与"创造"的环境合在一起，产生一种"还原历史"的感觉。

未来设计最富挑战性的一面也许会是满足未知技术的要求，比如在医院设计中，从建筑服务设计到手术过程，越来越多的设计重点要放在满足灵活变化的各个方面。

也许同时提高独特性和灵活性会是一个相互矛盾的要求，比如在展览性建筑中，要求容纳更多的事物的同时，针对个别事物的展览标准也要求更高。

摆在前方的挑战是令人困惑但同时又是激动人心的。我们认为，新技术会给设计者最多的影响。在这个过程中，单靠知识是不够的，理解和分析是将来成功的最重要品质。

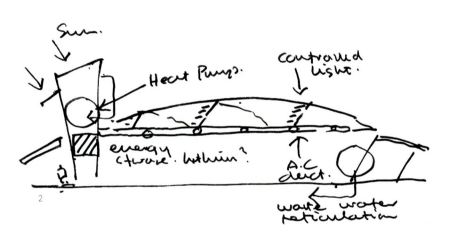

交通和市政设施

虽然历史上一些鼓舞人心的建筑本身就是建造在火车站和飞机场上的,但是直到最近20多年间,建筑师的影响力才较为普遍地扩展到桥梁、道路、隧道和港口。这种现象反映了人们开始关注许多过去造成的市政设施对城市形象的破坏,特别是20世纪60年代开始以美国为首形成的高速公路环绕城市中心的模式。

现在有很多作品已经开始领导在车站设计中传统的复兴,包括由格里姆肖(Nicholas Grimshaw)作的滑铁卢火车终点站;皮亚诺(Renzo Piano)在日本关西国际竞标中设计的新颖流线型的机场;诺曼·福斯特在香港的赤腊角和伦敦的斯坦斯泰德(Stansted)的交通设施作品;桥梁设计方面则有圣地亚哥卡拉特拉瓦(Santiago Calatrave)进行着艺术上的创新。这种设计的影响范围甚至开始扩展到船只设计上,比如P&O王冠公主号,它的外甲板和顶部甲板就是由皮亚诺设计的。

历史上,市政设施的发展曾经创造了一些世界上最有影响力的结构,就像横跨西欧的不用灰泥的罗马桥梁,还有其他诸如佛罗伦萨的蓬泰韦克奇奥(Ponte de Vecchio)桥和威尼斯的里亚托(Rialtoi)桥以及瑞士洛桑(Lucerne)的卡佩尔-布尔克(Kapell)桥,都成为了所在城市的标志。

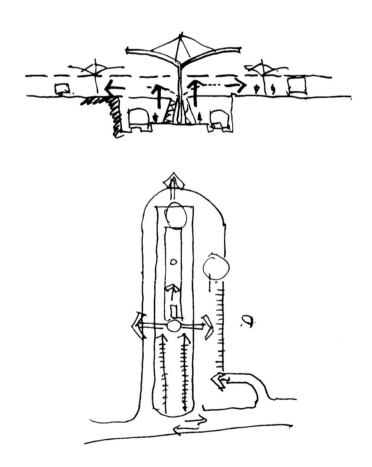

车站和终点站

1. 里昂－塞特拉斯TGV火车站，里昂，圣地亚哥，卡拉特拉瓦
2. 火车终点站和站台，西印度码头，伦敦
3. 赤鱲角终点站，香港，诺曼·福斯特

对交通和市政设施工程的兴趣点往往放在传统二字上。设计的目的如果不是要创造标志性建筑物，就是努力尝试将传统空间更好地与城市环境相协调。这种传统意识的复苏还表现在吸引人们离开私人轿车而进入公共交通中来，意识到旅行的经历中，出发和到达都应该成为一种乐趣。由于人们在交通工具上呆的时间很短，他们会在这里获得一种非常戏剧化和有吸引力的，甚至是很有文化性的体验。

虽然我们在市政设施领域的工作可以追溯到设计下水道调控站，就像20世纪70年代在伍伦贡进行的设计。但是大量类似的工程是从20世纪80年代末期开始的。这方面的设计过程非常有趣，面临着几乎不可避免的各方面公众讨论，以及来自结构和经济方面的挑战，而且必将影响着最广大公众的生活。

我们设计的工作范围包括车站和终点站、桥梁和隧道、能源调控站、城市照明和街道设备。这些大多数是大型工程的一部分，而且一般都是焦点部分——入口、表现设计结构的地方、或者是已有的重要部分的连接处。

我们在这个领域的工作开始于1990年在琼达卢普(Joondalup)设计的火车站和为珀斯北方郊区运输系统设计的斯特灵(Stirling)车站。设计由不同的小组参与，他们共同合作，扩展了传统的思维模式，在保证适应当地气候的前提下，创造出了高挑的屋面形状。设计吸收了传统的轻钢火车站的做法，琼达卢普火车站不连续的屋面可以展现天空，同时指明了汽车换乘站的方向。和琼达卢普火车站相似的做法，斯特灵火车站是通过精巧的遮蔽翼结构来表达构思的。这个翼是可以绕着中间的桅杆转动的。这个火车站在斯特灵的城市结构中起了重要作用，通过整合交通系统，对这个城市东西部的城市生活和贸易来说具有重大意义。

1. 斯特灵车站，珀斯
2. 丹德农车站，维多利亚
3. 琼达卢普车站，珀斯
4. 铁路与公交换乘站，星城，悉尼

在维多利亚，丹德农火车站也是力图复兴传统城市结构。这个工程建立了一条现存铁轨两边的人行通道，过去穿越铁路的危险解除了。这座建筑的形体是缓缓的弧线屋顶，渗透出一种没有攻击性的特点。侧部钢构架帮助连接月台和伸展出去的"翼"，扩大了遮蔽空间。色彩用来标示循环系统，另外尽量不暴露结构，这样光滑的内饰面就像是一个包容着交通和活动的大剧场。

这个工程非常著名的原因是它在整个施工阶段中现有火车站功能仍继续。具体方法是建构一个整体的屋顶地面构架系统，在前期创造了一个安全的工作平台，最低限度地减少集结时间。

星城的铁路与公交换乘站非常复杂，隐藏在悉尼达令港巨大的星城之下。它连接轻轨和公交服务，使人们最方便地到达星城的很多目的地——娱乐场、剧院、商场和水边码头。这个设计最大的挑战是通过在火车站里插入一个可采自然光的轴体和利用水来给人们更多的方向感。

1、2. 樟宜机场，新加坡，提议的地段发展模型
3. 轴测示意
4、5. 立面图

我们公司参与的两个重要终点站设计位于新加坡和凯恩斯，但这两个方案完全不同。新加坡的终点站是海洋广场开发项目的一部分，而且这是世界上最忙碌的终点站，包括30000m²的建设面积和满足每年大约三百万人次旅客的需求。该方案的设计概念有别于那些乘客一到达就想尽快找到旅馆的飞机场。

这里的到站体验是很有偶然性的，终点站的两翼——海边、陆地各一个——被水面分开，这是在加强新加坡是岛国的印象。终点站按照惯例分隔了服务、到达和离开层，还有一个中间层让送行者可以看到出行的人。可以从海港入口的船上看到一个大的、曲线的外部电视屏幕，那上面是对旅游者的欢迎和3m高的介绍新加坡文化和生活习惯的影像。这个终点站的一个独特设计理念是着意表现它是透明的，要给人一种港口窗户的感觉，另外也与坚实、窗户很小的船体形成了对比。

凯恩斯的工程是在城市港的城市更新地带，包括一个国际巡航和船帆舰队终点站。虽然每年只须满足32条航线的需求，但是巡航终端被看做是一个重要的门户象征。为了形成一个独特的地方特征，这个终点站结合一个历史上的码头棚屋进行设计。结合一个新的码头博物馆，这个曾经用来进行食糖运输的有历史意义的结构屋被结合设计在一个新的海洋博物馆内，这有益于给人一种惊奇的偶然到达的感觉。

帆船舰队终点站是凯恩斯最忙碌的地区，它忙碌地接送着来自大堡礁(Great Barrier Reef)的游客。我们对它的形象考虑是力图使它成为一个能够反映帆船特点并可以进行环境教育的新的建筑物。

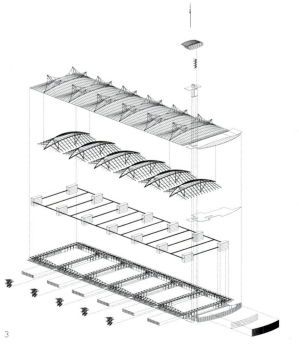

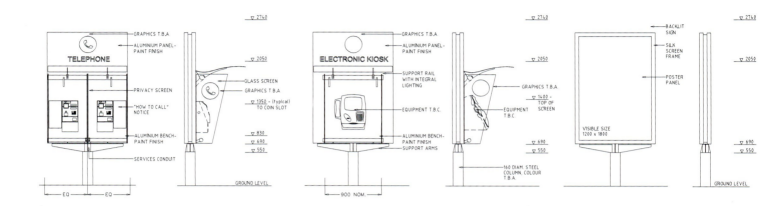

1

1. 悉尼街道设施，悉尼，电话亭示意图
2. 电话亭
3. 报刊亭
4. 候车亭
5. 报刊亭平面、立面、剖面

2

3

4

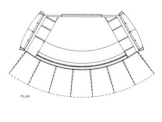

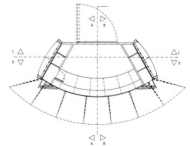

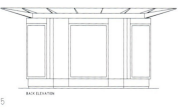

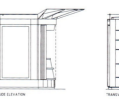

5

街道设施与照明

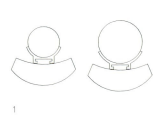
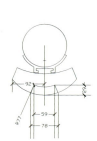
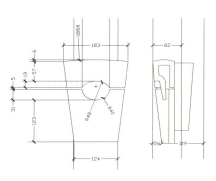

街道设施是构成城市肌理的基本原素，与车站、桥梁相比，一样重要，甚至更为普遍。一个很好组织的、有创新设计的街道设施系统可以提高城市的易读性与舒适性，给人一种创造和维护城市尊严的印象。

在珀斯的CATS（中心区交通系统）公交车站侯车亭很小，由钢和玻璃制作而成。座椅、时刻表、广告和遮荫板等诸多功能集于一身，向人们展示珀斯是一个干净安全的城市。为了悉尼的2000年，我们应邀与J·C·德科(J.C.Decaux)公司合作设计了一系列的街道设施，包括花池、信息栏、卫生间、垃圾箱、座椅和电话亭。设计要求使用铜、木和玻璃，要能体现历史和现代的双重感觉。

工作重点在于人体工程学、信息技术以及与多彩多样广告的结合，所有设计项目都有至少一个平曲面，强化这一曲面因素是为了让人们在悉尼狭窄的人行道上行走时方便。

1. 垃圾箱详图
2. 悉尼街道设施，座椅详图
3. CATS公交车站，珀斯
4. 座椅细部
5. 公交车站示意图

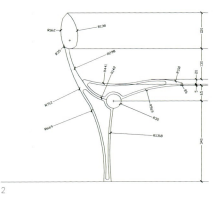

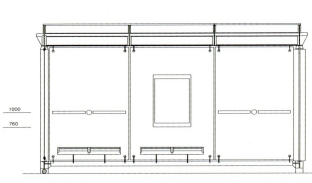
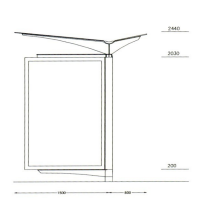

交通和市政设施 **99**

悉尼装饰照明总体规划其实很大程度上是一项文化措施。它是由Cox事务所和视觉设计工作室联合投标，同时在有朱蒂·瓦特森(Judy Watson)，阿伦·里奇－琼斯(Alun Leach-Jones)，柯林·兰斯利(Colin Lanceley)和皮特·科尔等澳大利亚艺术家参与的情况下进行的。

这个项目的目的是向世界展示一个充满生机且有多种文化印象的城市。夜晚时的城市要像一个剧场，剧场中所有的事物都能登台亮相，又要像一件"活着的艺术品"。一些光束投影在高塔、交通干道等主体建筑上，一些则漫射于小路和普通建筑上，一些在刻画着广告，一些在塑造城市中的雕塑。

项目中还考虑了对文化性和市民性节日的照明，包括对人的照明。从这个意义上，我们把城市看做是一个能动的艺术品，在不断变化和波动。许多建筑被投射后像活了一样，包括历史性建筑和剧院项目，也考虑了对山崖、树木和港口的照明。所有这些效果会在2000年过后仍然属于这座城市，会给予悉尼独特的个性，这就像巴黎因其铁塔和穹顶而拥有的浪漫气质，或像拉斯韦加斯那样拥有独特的俗气装扮。

2

3

1. 悉尼2000照明规划总平面
2. 海德公园草图，悉尼
3. 城市天际线草图
4. 海德公园全景照片合成
5. 达令海港草图
6. 悉尼港大桥草图

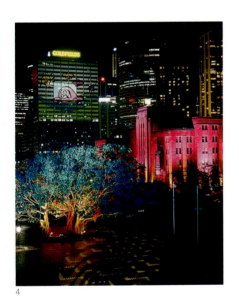
4

5

6

交通和市政设施 **101**

工 厂

设计污水、净水处理厂以及工业垃圾处理和能源供给工厂可以说是建筑学中最边缘的问题。但是，工业设施也能具有强大的视觉冲击，尤其是一些涉及环境保护的项目，还可能产生一些具有哲学意义的象征性形象。

布里斯班的亚历山德拉公主医院的新能源中心占据着校园的最高点，它的排气塔达60m左右。它通过周围较低的立柱包围着的一个倾斜内核来降低尺度及赋予雕塑感。倾斜的内核不仅是为了视觉效果，也是医院临街立面加强声学屏障作用的需要。

三种不同的金属表面分别采用镶边铝板、标准波形钢、低度波形钢来加强纹理与色彩的多样性。通过不同的镶嵌技术和不同墙面厚度的对比，雕塑感的造型在紧紧包住内部机械设备的同时，掩饰了它的尺度。

维多利亚的森伯里(Sunbury)水处理厂更像是一个景观项目，它看上去是由一系列建筑边界限定的景观中心，包括管理用房、加空步廊和结合工厂与周围自然环境的墙体。

在尤拉拉旅游度假村，城外污水处理厂高耸的排烟塔格外醒目，它被视为标志塔并被漆成红赭色——象征统领整个设计的生态哲学和标志性建筑形象。在夜幕的衬托下，它简直就是沙漠孤寂的象征。

1. 中心能源厂，亚历山德拉公主医院，布里斯班，立面
2. 总体外观
3. 排气塔
4. 森伯里水处理厂，墨尔本
5. 污水处理厂，尤拉拉旅游度假村，北边界

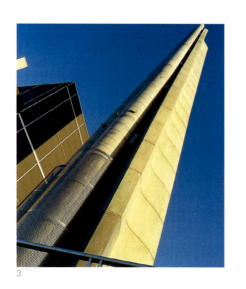

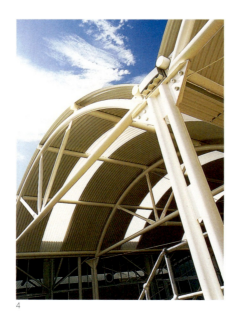

桥梁和隧道

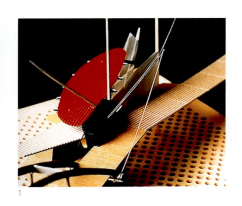

1. 南岸步行与自行车桥，布里斯班，中心遮蔽物最初模型
2. 计算机所作的桥梁研究
3. 悉尼穿城隧道设计，总体规划

像桥梁和隧道这些城市元素也不再是工程师的固有阵地，尽管它们其实往往是一个城市的标志，比如巴黎、洛桑、威尼斯和佛罗伦萨。它们包含了很多城市设计的原则——转换、运动、路程和连接。桥梁最能表达一个城市的内涵：它们处于城市中的醒目位置，具有雕塑般简洁的轮廓线，因而极具识别性。

在一次竞标中脱颖而出的南岸步行和自行车桥设计，被认为成功地表达了布里斯班的内涵。与许多国外的步行桥相比，长400m、高15m的南岸步行桥是太高、太长了。为了解决这些问题，设计把该桥分成三段——第一段是位于桥头和凉亭之间的坡道，第二段是比较轻巧的双拱，第三段是一段敦厚的实墙向下延伸到公园里。这个分段的灵感来自于洛桑的卡佩尔桥，它反映了这个城市的社会和政治历史。

南岸步行桥最重要的意义在于它强化了布里斯班作为一个亚热带步行城市的形象特征。在我们看来，它应当是蜿蜒穿过城市中心的那条河上众多的步行桥的典范——这些步行桥形成的序列构成了一道独特的景观，并把两岸的居住区、工作区、购物区和休闲区连接起来。

在悉尼，穿城交通问题已经困扰了人们很多年了。悉尼市议会请考克斯(Cox)、塞德勒(Seidler)和克龙(Crone)公司来总结已有的工作并寻求恰当的解决办法。我们的方案不仅要在美学上站得住脚，而且要通过延伸隧道使其上的两条悉尼主要街道——威廉街和帕克街变成两条林荫大道。这些街道把悉尼的中心商务区(CBD)和国王十字区(Kings Cross)连接起来，顺畅的交通使它们成为一个联系紧密的整体。

这些工程为我们深入研究城市基础设施的建设提供了范本。其他还包括一条城市过境干道、两条公交车专用道，以及一个轻轨系统。在这些工程中，建筑师的参与既使市民的意愿得到了表达，同时也促进了好的设计同发展可选择的交通线路的要求之间的协调。

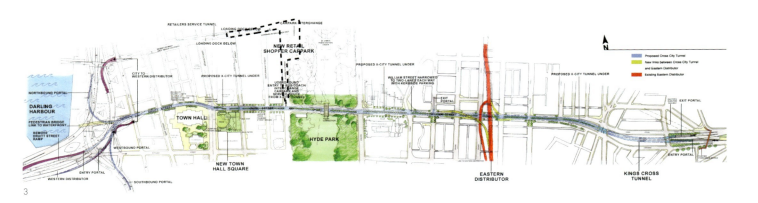

交通和市政设施

城市规划与设计

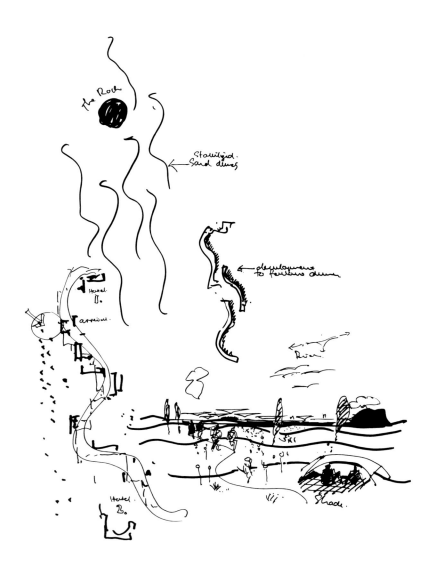

城市设计是介于建筑与规划之间的一个领域,曾被多次定义。也许它最简单的描述应该是这样,建筑师和规划师把城市设计定位于对建筑环境的三维考虑,综合分析当大批建筑落成后的环境的舒适性。进一步的,很多城市设计的重点将放在对建筑之外的自然以及建筑与自然之间空间的考虑。

依照这个定义,Cox事务所从开业之始就已介入城市设计领域。甚至在我们最早的项目,如C·B·亚历山大学院(1964)和圣安德鲁斯·莱平顿(ST·Andrews Leppington)(1966)中就已有涉猎,主要思路就是创造一系列由院落联系的单体,进而形成新的环境。我们的所有项目,与其说是看成一个实体,毋宁是一个群落或社区。在伍卢卢的尤拉拉旅游度假村(1984)就代表了对这种思想的最完整表达。

尤拉拉是一个小镇社区,整体来看,它以曲线形式蜿蜒在山谷与沙丘之间。为了适当减弱人们对自然环境的过分关注,这条曲线不时地给游客以惊喜和发现,这是任何一个小镇或村庄成功的关键要素。度假区对环境和经济可持续性两方面有很明确的关注,使用了能够产生不同形态和空间的环境系统。从形式来看,帆状的膜结构,作为对沙漠气候的一种反应,塑造了乡野景色,丰富了公共建筑的形体,并给院落和公共建筑的屋顶提供了庇护和阴凉。太阳能装置则在提供镇区主要能量来源的同时,丰富了天际线。

1. 尤拉拉旅游度假村，伍卢卢
2. 概念草图
3. 总平面
4. 鸟瞰

院落空间时而弯窄成为步行小道，时而又放大，戏剧化地表现着尤拉拉和卡塔的景象。

尤拉拉的设计经验可称为"松散适应"，既没有构建一个很确定的人、货、设备的运动系统，也没有构建一个很确定的未来发展方向。

在我们所有的城市设计项目中，都有一个很一致的出发点：在清晰的规划结构中融入区域性、文化性与自身环境的特点。这与大多数现在的城市设计不同，比如把一个"城市村落"的概念普遍加以应用。我们是针对固有的动态环境特点作出灵活反应。这些固有的动态环境特点包括变化的市场要求、特有的社会文化条件等等。

我们在不同的环境类型下所作的大规模城市设计项目包括：新加坡的海洋广场；凯恩斯城市部分；布里斯班的中心商务区和城市滨水区；弗里曼托的码头区；"科威特珍珠"是一个关于两座完全新建的滨水城市的总体规划；Johor Baru 是一个马来西亚海岸的新城设计；在印度尼西亚，我们规划了一个立于雅加达苏迪曼的中心商务区。比较小的设计项目有凯恩斯游艺场和 Albury 与 Wodonga 之间的 Gateway 岛；还有一些园区设计。

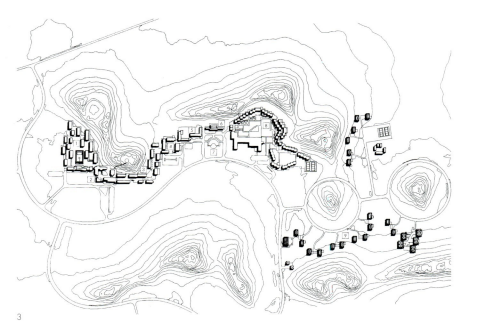

1. 堪培拉国家会议中心，概念鸟瞰
2. 步行入口
3. 总平面

我们最早的大型规划项目是与建筑师约翰·安德鲁斯于1974年一起作的南澳大利亚的莫纳托城，虽然方案未付诸实施，但它无疑推进了我们以后的设计项目，尤其是商住合一的类型。

1978年，我们的设计从七个竞选方案中被选中以指导悉尼伍卢姆卢的重建。规划要引入一种小规模、内城型的住宅到充斥高楼的城市。我们的规划建议，要有选择地保护与拆除，在历史城区内插入建设新的形式相近的住宅。这个方案的规模和密度对内城的生活、文化和历史遗留以及房屋价格和讨论中的20年后对城市的改造来讲，都是合适的。

1982到1985年的堪培拉国家会议中心规划包括一个国际性宾馆和60000m²的办公室与花园，作为建造在靠近城中心的会议中心，我们的方案是重新定义城市边界。一排建筑绵延联系，好似一堵墙，而面对花园的线型院落不时地将其打断。

1989年，我们赢得了规划科威特两个新城舒维克(Shuwaikh)和希兰(Khiran)的国际竞标。尽管它们都临水而建，但条件各自不同，舒维克是位于一个海湾内的一系列小岛，而希兰的特点是一条大运河插入市区。舒维克更像一座在水中新建的城市，设计概念是使那些岛像是螃蟹的爪子，加强海水在其间的流动。在海湾边缘，一些新的人造小岛也建造起来，与旧的小岛一起形成一个发展平衡的经济区。

主要商业发展区规划位于海岸沿线。每一个区都包括清真寺、学校、幼儿园、商场和社区座椅等的居住社区，它们通过桥梁与各个岛屿相连。

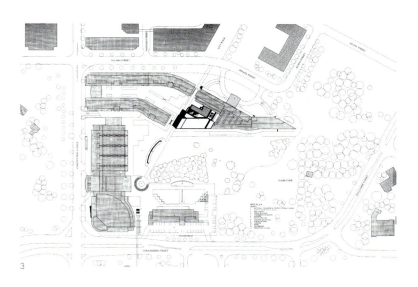

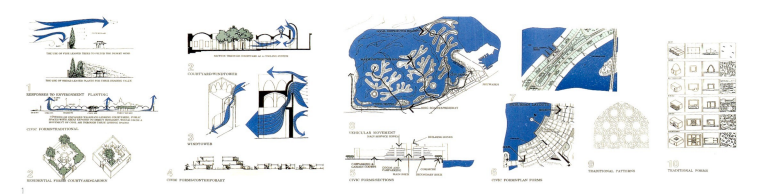

1. 希兰海边新城，科威特，规划原则与发展模型示意
2. 舒维克，原始概念草图
3. 竞标规划
4. 岛屿社区细部
5. 典型岛屿社区模型

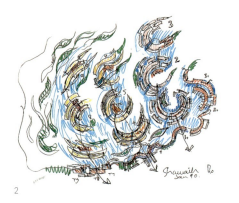

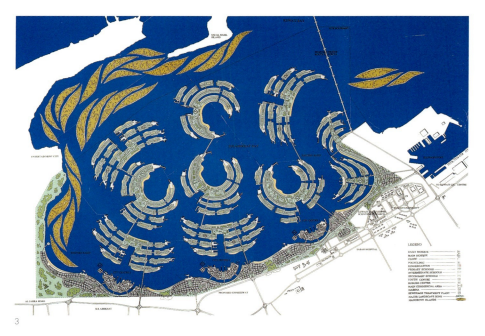

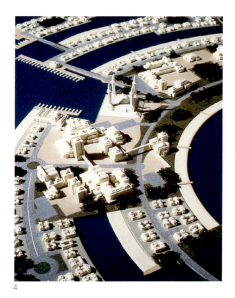

城市规划与设计

1. 2000年奥运会体育场馆，景观与运动场地结合的概念，菲利普·Cox
2. 鸟瞰
3. 1996年鸟瞰，中央是水上中心训练场馆

澳大利亚悉尼2000奥运村的规划是1991年启动的，Cox事务所负责其中主要的体育场馆区设计。这次规划发展了我们在规划堪培拉国家体育中心的建筑与景观时的心得，以小路网交通系统来连接各个场馆。从空中俯瞰就像是原始土著居民在梦中画的图景：在潮湿的地区里很多小溪蜿蜒流过。

业已完成的规划中有三处场馆是Cox事务所设计的，开发项目要比我们想像的简洁，比起早先的概念草图，各种规模结构的混杂并没有那么错综。当然，在一些区域，比如RAS展示区和运动员村，还是处理得比较复杂一点，以产生一种有生机的、令人紧张的气氛。

1. 1993年纽斯特德·特内里费城市更新规划，布里斯班
2. 布里斯班城市中心规划建筑实体与日影研究
3. 多中心之间的联系分析
4. 开敞空间之间的联系分析
5. 街道边缘定性（红色为积极，绿色为消极）

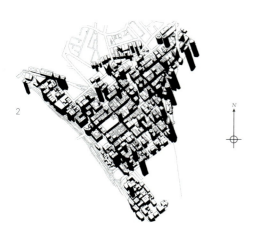

公司设计的一个主要的城市更新项目是在布里斯班内城的纽斯特德·特内里费区规划。这个滨水发展项目依赖于市场要求与指导，而不是决定的官方开发机构，这是有别于其他项目之处。从1993年至今，它得到了6亿多美元的各项投资。规划把三个区连接起来，其中两个是在旧区基础上发展起来，最大的第三个新区从水中一直延续到城市。

1995年我们又接手了布里斯班的中心商务区的总体规划。包括基于从公共交通和步行需要角度出发而作的交通研究，建立一个新的发展指导框架，以及恢复发展城市活力的概念等工作。这个规划以一种新的眼光看城市，去理解城市可能的发展道路，给予城市一些以前认为无用的连接和加强。一个最重要举措是在城市半岛区的网格道路增加了"磁石"般的活跃区以吸引人的活动，那么它们就不再像以前那样没有生机了。半岛的西半区被发展起来，一条步行道和环形桥架于河面连接河对岸的城市娱乐区。这一方案预计于2000年完工。

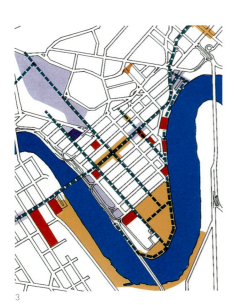

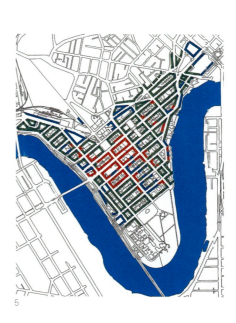

城市规划与设计 **109**

1. 墨尔本码头区改造计划
2. 弗里曼托的滨水区，更新区在河的下侧，航拍照片
3. 弗里曼托的滨水区规划

弗里曼托码头区整体规划目的是将城市的活力区与废弃的滨水地带连接起来。它最与众不同之处在于，弗里曼托有大量很集中的历史建筑，因此规划中的宾馆、商店、公寓、教育建筑和文化建筑基本上都是插入式发展以保护历史遗迹。惟一例外的是新弗里曼托海洋博物馆，设计中使用了很多与海有关的形象，反映出陆地与海洋之间的相互交流。

墨尔本的码头区改造计划则因为较少历史建筑而有机会重建自己的城市形象。我们的规划中心是，建设了一个可作为其他区发展轴心的环形海港。最有趣的是中心商务区区内铁道和亚拉(Yarra)河像手指一样插入码头区。这些连接产生了复兴的基本框架，好似一条由许多连接紧密的、社区感强的小型区域串成的"项链"。

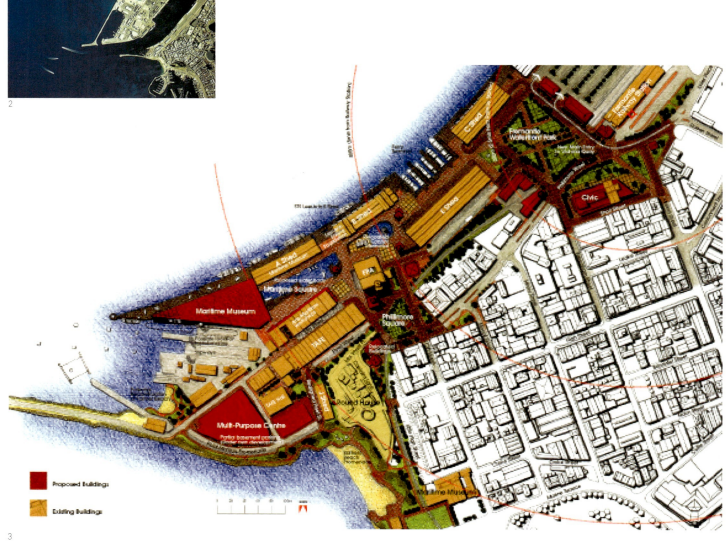

1. 凯恩斯游戏场,儿童活动场地的概念,莫娜·雷德
2. 步行小路概念
3. 土著艺术家阿罗尼·米克斯的大尺度形象概念
4. 凯恩斯城市港的规划,把城市与滨水区联系起来

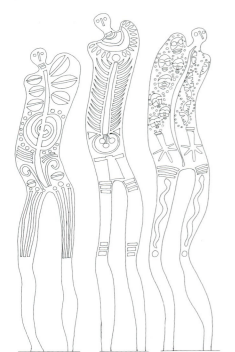

在昆士兰北部城市凯恩斯,我们很幸运地得到机会规划两个各自独立但距离很近的滨水项目,一个是凯恩斯的州级城市港口,另一个是当地市议会的广场。

城市港口的规划要求是以具有宾馆、公寓和其他特殊功能的公共区来取代现有的港口功能,这和海外的许多城市滨水重建项目是一样的。但该城市港的独特之处是它仍然保护了一个业务繁忙的滨水区,使其在改造工程期间继续营运。主要包括一个商业帆船码头和一个凯恩斯旅游工业的国际性中转站。规划中将传统的码头大棚的形式融入那个中转站和一个地区博物馆的设计中去,并建立了连接城市中心和滨水区的新的运动轴。

邻近的广场项目将一组朝向河滩的公园区引入公共活动区,重点是一组建在河滩面的游泳池,它形成了水的背景;一座室外的文化表演场地;一个传统文化中心和纪念碑;以及一座环境中心。最主要的是在城市港口和广场之间建立了全新的连接,使城市对着河的方向完全打开了。

这些项目还包括一个在公共艺术方面很重要的尝试,从规划设计还处于概念阶段就与20位艺术家合作。这一合作使我们认识到公共艺术具有这样的潜力,它可以丰富文化经历,促进文化旅游,还可以开阔对公共空间的设计思路。

一个很有活力的城市设计趋势是与来自社会的咨询团一起磋商关于城市环境的变化。这种磋商在确定我们规划过程中相当重要。凯恩斯广场项目实际是在公众投标选举之下产生的,布里斯班城市中心和城市滨水区更新项目也自始至终都是在广泛地与社团接触的情况下进行的。

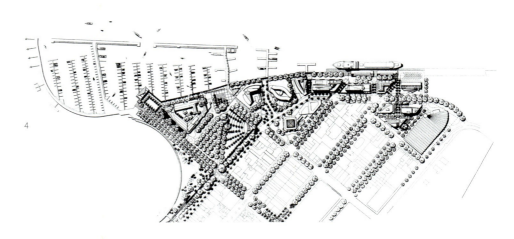

对维多利亚——新南威尔士边界和莫里河的盖特韦岛进行规划，该项目的目的是成为悉尼和墨尔本之间旅程中的一个亮点。项目任务还包括把两边的阿尔伯里和沃东加的居民连接起来，要完成本土咨询、展示性设施、社区设施、环境研究和与河流有关的教育设施等项目。

1. 星城，悉尼
2. 盖特韦岛，阿尔伯里·沃东加，新南威尔士和维多利亚交界处，总体规划
3. 莫里河中已有岛屿鸟瞰

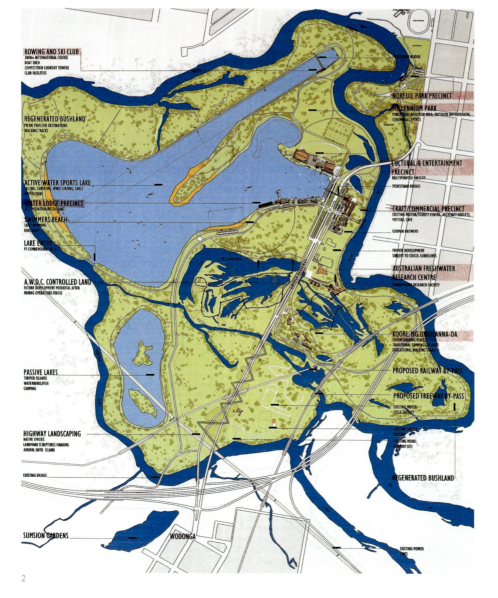

有一点在本章中已讲得很清楚，城市滨水更新会带来大量规划和建筑工作。除了在弗里曼托和凯恩斯，我们的设计范围还包括悉尼的皮尔蒙特和墨尔本的码头区，这都是这些城市的最大滨水发展项目。很多城市规划方案促进了建筑更新的项目，包括因弗里曼托滨水整体规划而来的海洋博物馆设计；因凯恩斯城市港口规划而来的会议中心设计；改建布里斯班的电厂为一个当代表演艺术中心的项目也是随着布里斯班滨水规划而来的。这些现象表明了艺术娱乐性质的建筑，是城市更新项目中的重要部分，原因也许是在地价等压力之下这些文化建筑难以在城市中心区得以发展。

同样经常出现的现象是文化设施与商业设施混杂发展以提高购物的环境与质量，创造个性。一个主要例子是悉尼的星城，在那里，城市最大的剧院与赌场、连锁店和旅馆混和，因此被评认论家看做是在滨水区很有支配力的区域，原因就是各种商业功能高度的相互作用，使它在达令港城市滨水重建区中独具魅力。

1. 皮尔蒙特·佩宁苏拉，悉尼，重新规划前
2、3. 重新规划后的景象（模型）
4. 佩宁苏拉新海湾航运码头连接脉络草图
5. 基于地形学原则的规划草图
6. 规划图（后来有所改变）

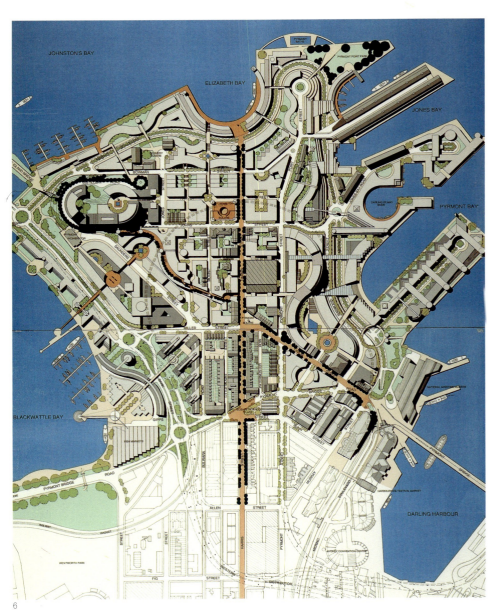

城市规划与设计　113

1. 维多利亚公园，悉尼，居住街道草图
2. 圆形广场
3. 从东南方向看中心公园
4. 规划图

1

2

3

4

1. 海洋广场，新加坡，最近的模型
2. 巡航码头模型
3. 规划模型
4. 立面研究

滨水区重建时的多种功能混和趋势的另一个例子是新加坡的海洋广场。从一场国际竞标胜出的最后规划方案中，一座历史上的遗留货栈被设计为博物馆，广场周围是水上餐厅、电影院和"高科技"的商业设施，规划中遍布花园、运动场和水景。广场既是一处休闲场所，同时又与周边的桥相连，发展的方向也很明确。

一个很重要的概念是这片面积为22公顷的场地被整个抬高，这样它就可以做到完全步行化，所有的停车、交通、设备以及一些"封闭盒子"的功能单元都放在已有的第一层，而第二层的步行区就可以实现四周都是公共空间了。

我们的设计概念也意识到设计不可能脱离环境文脉而存在，它应该为几公里的滨水区提供发展的模式——滨水区的一头是技术研究工业，另一端是建立在老船厂上的滨水居住区。

这一章讨论了我们做过的大型城市设计项目。并不是要对这些项目作一个城市设计方面的定义。因为一个准确的定义应该与项目中所有建筑的环境有关，这些环境包括地理环境、文化环境、建造环境，也包括经济与政治环境。我们的目的是综合那些能对城镇中的环境变化作出灵活应变的具体办法来。

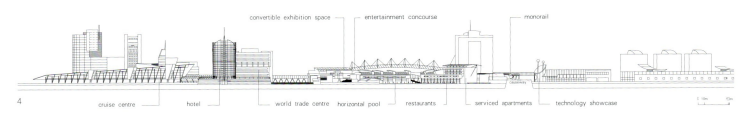

城市规划与设计

1995～2000 年精选作品
SELECTED WORKS 1995—2000

悉尼大穹顶

霍姆布什湾，悉尼，新南威尔士
Abi Group 承包商为奥林匹克协作局服务
场地面积：70420m²，停车场面积：105000m²
建成：1999 年 8 月
AbiGroup 承包商
合作建筑师：迪瓦恩·德弗龙·耶格尔

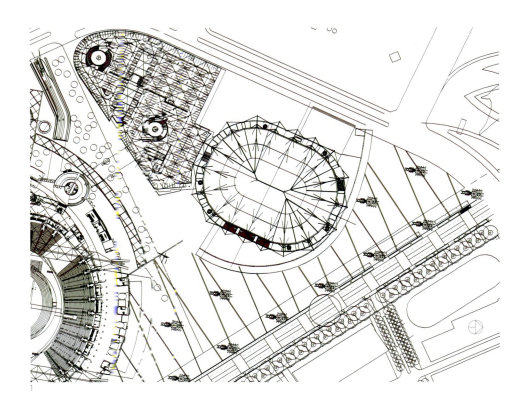

悉尼大穹顶在设计时是作为 2000 年奥林匹克运动会的多功能体育馆，后来成为悉尼主要的室内运动和休闲场所。奥林匹克运动会的体操和篮球比赛在那里举行，但它灵活的布局和声学设计可以举行从冰球和音乐会到马戏表演和其他舞台演出的各种各样的活动。

这个项目包括有 20,000 个座位的大穹顶和 3500 个车位的停车场，它是南半球最大的停车场。建筑坐落在奥林匹克大道上、与澳大利亚体育场毗邻的奥林匹克村中。

大穹顶被构思成一座长而水平的半透明建筑，其尺度与环抱于两侧的轻质的廊道相统一。因为大穹顶的整体只能从某一个地点欣赏得到，所以在设计中运用了一个高的类似桅杆的结构，可以从四周看到，像一个花冠围绕在体育馆周围。

因此，整个建筑看上去精致而有穿透力，与室内运动中心典型的坚固结构形成鲜明的对比。

大穹顶的外观被很细的悬臂和自由排列的柱廊强调，柱廊由精致的树状柱子支撑。拉索支撑的桁架结构屋顶也很精致，跨度为 150m × 120m。

体育场与四层空间相连，两个公共层，一个俱乐部和一个大的包厢层。每一层都有餐厅、酒吧、休息厅和服务设施。这些设计比传统的设计为公众提供了更舒适的条件。事实上，体育建筑新的设计趋势已经将设计的重点转向了灵活性和可选择性——与诸如高清晰度录像、记分牌和从所有座位都可见的即时重放等新技术相结合。

附属的 1000 座的热身体育馆的运营可以独立于大穹顶，作为展览和公共的用途。这些都反映了将体育设施进一步商业化的趋势。

大穹顶是悉尼"绿色奥运"主题的象征。建筑装置了被动式能源系统、雨水网状系统、减小的温室气体排放和环境垃圾处理的系统。

1. 总平面
2. 概念草图
3. 从中央广场看的景观

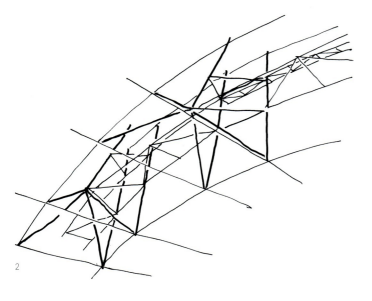
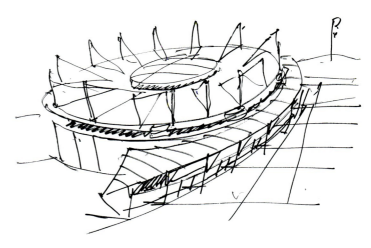

悉尼大穹顶　119

1．2．概念草图
3．南立面
4．西立面
5．北面景观
6．三维电脑研究
7．北面入口的景观
8．主入口的景观

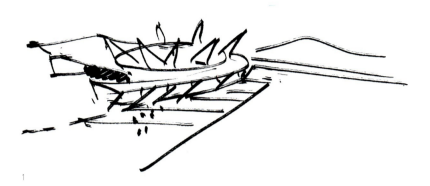
1

2

3

4

5

6

7

8

悉尼大穹顶

1. 剖面，1：1000
2. 门厅
3. 体育馆室内
4. 东北立面，1：1000
5. 东南立面，1：1000
6. 上层大厅的平面
7. 门厅桁架的顶端
8. 树状的柱子

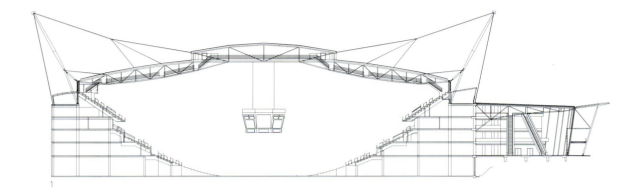

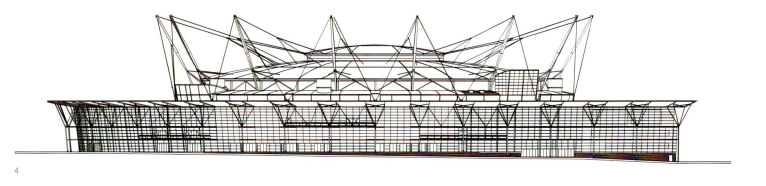
4

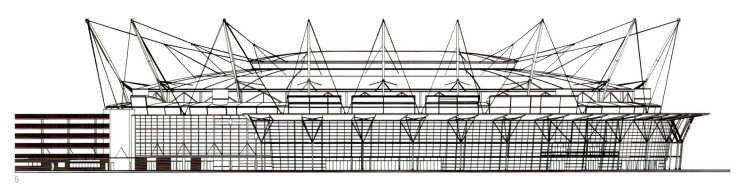
5

A. 入口门厅下部
B. 广场上部
C. 北门厅
D. 座椅
E. 比赛场平面
F. 热身体育馆
G. 柱廊
H. 植物
I. 装货台下面

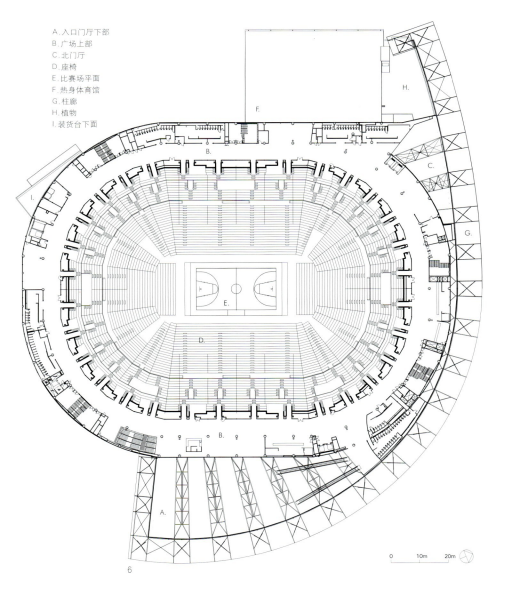
6

7

8

悉尼大穹顶 123

悉尼展览馆竞技场

霍姆布什湾，悉尼，新南威尔士
奥林匹克协调局
澳大利亚太平洋规划
皇家农业协会
160公顷
建成：1998年3月
澳大利亚太平洋规划总公司
约翰·霍兰
合作建筑师：科尼比尔·莫里森，佩德尔·恩鲁普

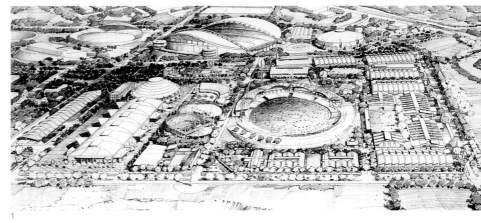

展览馆竞技场是皇家农业协会的主场地。这些场地都被重新布置在霍姆布什湾的悉尼奥运公园中，使得城市中心的历史街区得以再开发。

竞技场是奥运会的棒球场，远期将是悉尼东部的展示集会场所，也可以作为音乐厅和棒球俱乐部。竞技场有10,000个座位，在两边的草坪上还可以增加10,000个座位。

看台的设计与我们以前澳大利亚体育场的设计不同，以前的设计与屋顶的轮廓线结合起来，与澳大利亚起伏的地形相一致。这个体育场由5个互相连接的部分组成，三个是公共部分，另外两个分别为皇家农业协会的委员会和成员所用，反映了皇家农业协会的原址与悉尼曲棍球场相邻的情况。这些部分也创造出更加近人的空间尺度，使人回想起盛会的亭子，将桅杆式的支撑结构和照明灯具结合的设计强调了这一感觉。

五开间的布局方式成为由桅杆的网架区分开的垂直交通和服务路线的组织元素。每个屋顶都是一个锥体，靠近场地边缘薄，四周厚。桅杆在平面上呈"V"形，高55m，被漆成氧化的红色，与临近古老的砖砌期货交易场相连。侧面的、向下的、向上的风力同时被锚固在桅杆底部的张力拉索结构消解。在好几股拉索相交处，由型钢连接的拉索和环形的球使得结构简单明了。

皇家农业协会的展馆包括一个2000m²的狗馆，一个750m²的猫馆，一个1000m²的温室和一个锯木场、牛仔竞技场、超越障碍马术比赛场和1000座有顶的室外半圆形剧场。不同的亭子有不同的设计，反映了以前的展览场的半乡村化的特点。

1. 皇家农业协会展览馆草图，背景是奥运村
2. 展览馆竞技场的概念草图
3. 展览馆竞技场的入口层

悉尼展览馆竞技场

1. 竞技场鸟瞰（前景）
2. 皇家农业协会委员会看台
3. 从堤岸坡道看的景观
4. 桅杆的概念草图
5. 平屋顶的外观
6. 扇贝形的屋顶边界的内部
7. 棒球场布局的概念
8. 一层平面

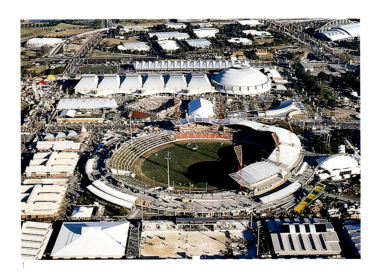

1

2

3

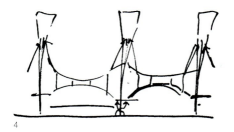   

4

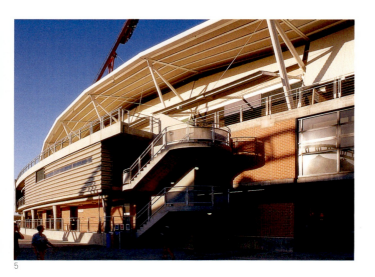 

5 6

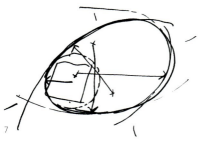

7

8 A. 下面是会员的看台
　B. 有座位的看台
　C. 下面是委员会的入口
　D. 入口坡道
　E. 棒球场内场
　F. 集散广场
　G. 能布置座位的堤岸
　H. 看台入口

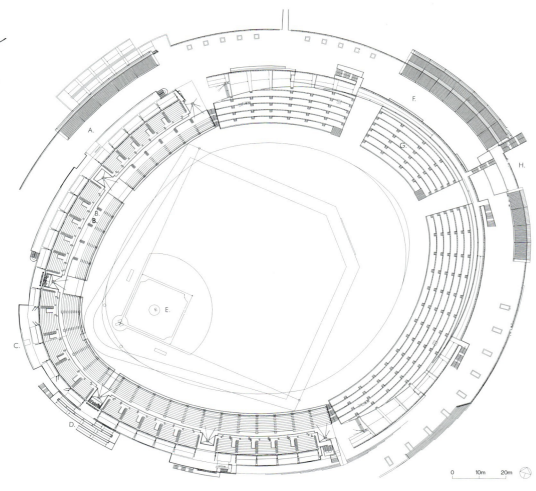

悉尼展览馆竞技场　127

1. 屋顶的桅杆起展示作用
2. 屋顶的桅杆立面
3、4. 锯木场馆立面
5. 锯木场
6. 马馆和竞技场

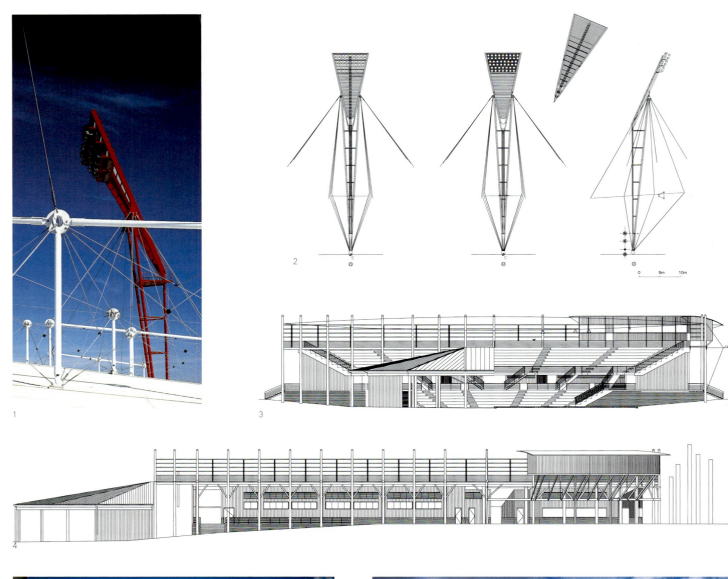

1. 猫馆平面
2. 立面和剖面
3. 长向剖面
4. 外部的形式
5. 室内空间
6. 室外的半圆形剧场

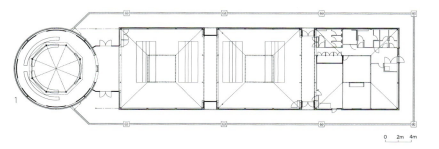

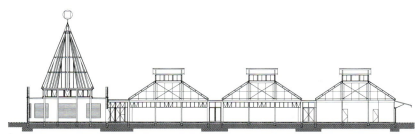

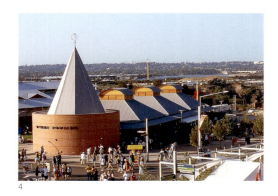

悉尼展览馆竞技场

亚运会体育场和水上活动中心，曼谷

Thammasat 大学，泰国曼谷
泰国政府投资
800 公顷
1998 年 6 月竣工
克里斯蒂娜和尼尔森主持设计

1

2

3

　　1998年亚运会的两座主要比赛场馆：体育场和水上中心，将实践中所发展的普遍的体育建筑设计理念植入到了泰国亚运会的场馆设计当中。例如，在澳大利亚，美化的山路体现了起伏不平的地形；在这里，整齐的水上花园将周围的运动路线和建筑分隔开来。

　　体育场的设计源于悉尼足球场和堪培拉布鲁斯体育场的设计理念，前者将体育场正面看台中央位置的座位数目增至最大，后者利用相同的曲线设计将顶棚优美地旋于空中。然而，尽管布鲁斯体育场的顶棚是由正面看台之外的缆绳固定，这座体育场的结构承受力却由一个三角框架得到了解决，通过这个框架将缆绳固定在钢筋看台支柱的基座上。

　　水上中心则进一步深入了"流动顶棚"的设计概念，弓形的支撑桁架系统使得如纸般薄的顶棚能够向两个方向卷曲。中心的两侧采取了开放式的设计，延伸到边缘外部的伞状顶棚提供了宽阔的视角，以及从白天到黑夜的不同感受。正像主体育场一样，水使沿着地平面的各种设施浑然成为一体。

　　体育场能容纳20000名观众，水上中心的游泳和跳水馆可容纳4000名观众，水球馆可容纳1500名观众。在亚运会举行期间，体育设施的图像在世界范围内传播；这些设施则是泰国奥运会申办计划的整体构成部分。

1. 规划地段模型
2. 模型，水上中心
3. 模型，体育馆
4. 设施的计算机模型

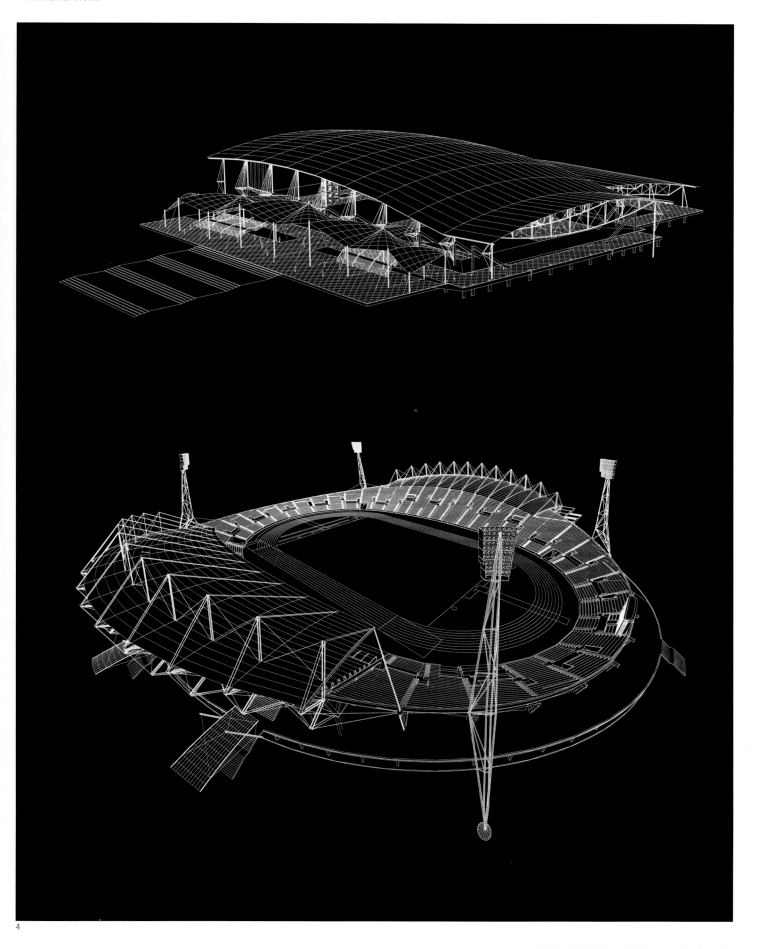

4

亚运会体育场和水上活动中心，曼谷 **131**

1. 水上中心广场立面
2. 主厅层平面
3. 从广场看水上中心

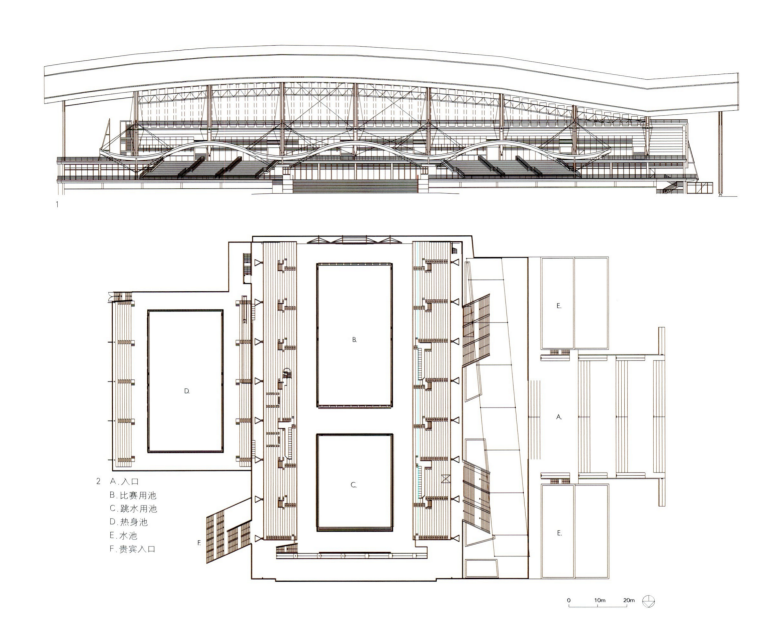

2 A. 入口
   B. 比赛用池
   C. 跳水用池
   D. 热身池
   E. 水池
   F. 贵宾入口

1. 水上中心广场入口
2. 比赛用池
3. 东西剖面
4. 跳水池及比赛用池

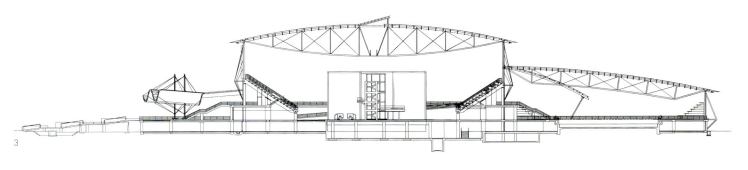

1. 体育馆照明杆
2. 从平台看体育馆
3. 屋顶
4. 北立面 1:2000
5. 西立面 1:2000
6. 全景

1

2

3

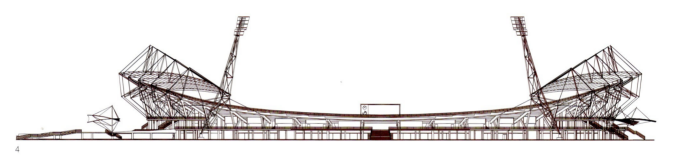

4

5

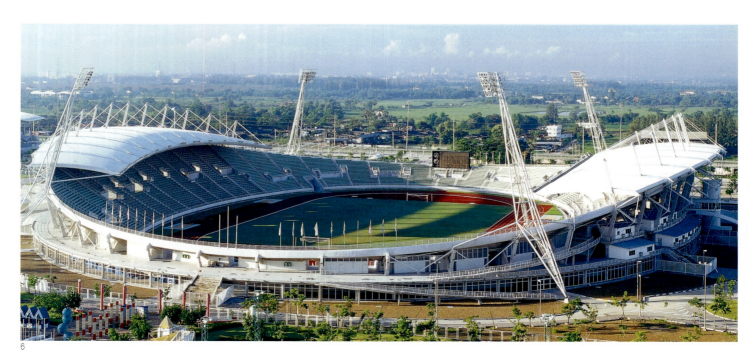

6

1. 体育馆屋顶
2. 体育馆入口剖面 1:2000
3. 屋顶平面
4. 体育馆的轴线透视

A. 比赛区
B. 屋顶
C. 座位区
D. 大众入口

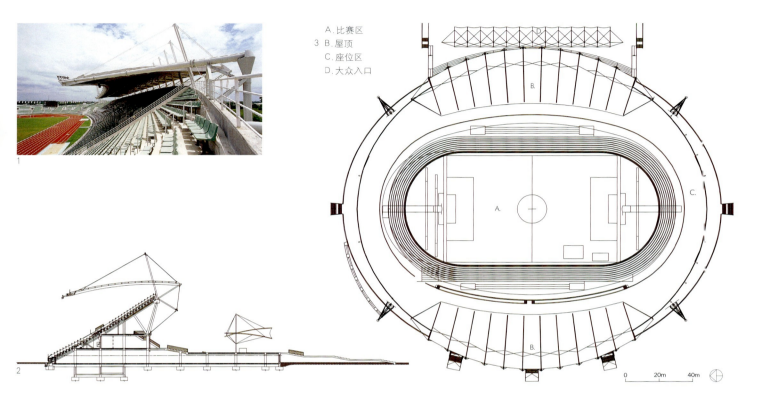

亚运会体育场和水上活动中心，曼谷　135

新加坡博览会

上长一路，新加坡
工业贸易部
新加坡港口管理委员会
展览场地面积
1期：60000m²
2期：40000m²
1999年3月竣工
Hyundai 工程施工公司
与新加坡刘&吴事务所合作

新加坡博览会(EXPO)是一座60000m²无柱的展览中心，面积大约是我们以前设计的最大的展览设施悉尼和布里斯班展馆的2.5倍。建成部分实际上是第一期工程，二期设计的40000m²还未动工。

在一个大型的国际竞争中选择这样一种设计，部分上是因为现场开发展台与由提高的大众快速传输系统（MRT）作为边缘，这样一种难于使用的布局的集成。60000m²展厅沿着MRT弧形分布，营造了一种由这种交通模式所带来的快速抵达的经历。这种几何设计提供了一种线性布局，将对面的场地留作以后的展台之用，同时也提供了一座长400m的中庭花园。这座花园被认为是一个主要的与众不同之处，加强了花园城市的国家概念，将其独立的钢筋环境转变成为了葱绿的城市风景。

传统的出租车、公共汽车和贵宾入口由一板"盔甲"充当，"盔甲"与弧形垂直，并跨越中心的两端，一端从快速传输系统驶出，另一端通向临近的主干道。盔甲就是一个象征性的桥梁，带着多媒体信号穿过100m长的微型网格。在路边，它有一个注册主休息厅，有1200个座位，"鼓"形会议中心就像是平面几何形状的支点。第二个休息大厅位于远端，与诺曼·福斯特事务所设计的快速传输系统的站台重合。

这座中庭花园是综合绿化设计理念的一部分，它的景致与其S状带角百叶遮阳板在大厅的公共一侧构成了一面阳光屏幕。这个遮阳篷为一条开放式的夹层通道提供了遮蔽，将组织者与公众区域分隔开来。对面一条连续的服务通道使得进出更加便利，而展览中心的后墙实际上完全是立墙平浇结构。

展览中心的设计也象征着新加坡的科技推动力，为参展商与参观者提供了个体互联网(Internet)访问、货运和公共交通的电子交通监控、计算机辅助语言翻译服务、用于海关处理的贸易网（TradeNet）和用于所有大厅与会议场所的多媒体连接的宽频有限网络。

每一个顶棚的面积为100m×100m，在中心的地面上制作，并通过一次性8小时的作业将其提升。顶棚由三个三角形的部分弯曲的桁架构成，并带有用于抽取空气的提升区，这项技术是由沿着新加坡海岸线的一些传统的储库的设计演绎而来。结构在顶棚衬板上下都采取暴露的设计来突出形状，创造了特殊的夜景效果。

尽管是在布里斯班设计并且设计图纸被传回新加坡，中心的建造则是一个全球合作的典范，它是由韩国大宇公司建造并在中国装配。

1. 概念模型
2. 中厅棚架夜景
3. 展览大厅内部

新加坡博览会 137

1. 液压装置在8小时内可升起10000m² 的预制屋顶
2. 入口处的屋顶结构
3. 施工前期的中厅棚架
4. 前期屋顶内层
5. 内层完工，除屋顶脊部
6. 投入使用的展览大厅

1. 棚架的照明与通风原则
2. 棚架剖面
3. 棚架的概念草图
4. 半透明的棚架
5. 棚架的结构
6. 独立厅入口
7. 高视角看棚架大厅

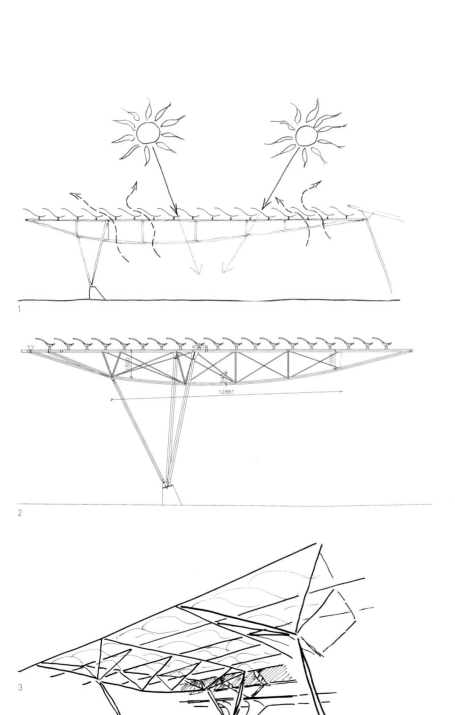

1. 观众区
2. "盔甲"设计
3. 棚架中庭
4. 部分立面
5. "鼓"形会议中心

1

2

3

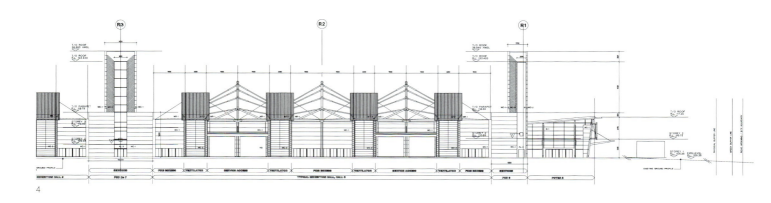
4

5

1. 展览大厅剖面
2. 展览空间
3. 展览空间

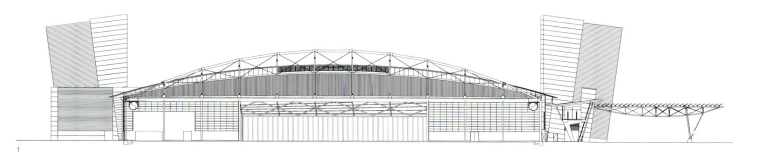

1
2
3

4　A. 主休息大厅
　　B. 管理中心
　　C. 10000m² 的展览大厅
　　D. 中厅及室外展览区
　　E. 停车场及未来展览区
　　F. MRT（大众快速传输系统）车站休息区
　　G. 提升的MRT干线
　　H. 通向公交车站的天桥

5

142

1. 注册休息厅
2. 休息厅餐厅
3. 大厅
4. 第一阶段的平面
5. MRT车站的休息厅
6. 主屋顶的结构细部
7. 屋顶结构
8. 屋顶研究草图
9. 竣工后的屋顶

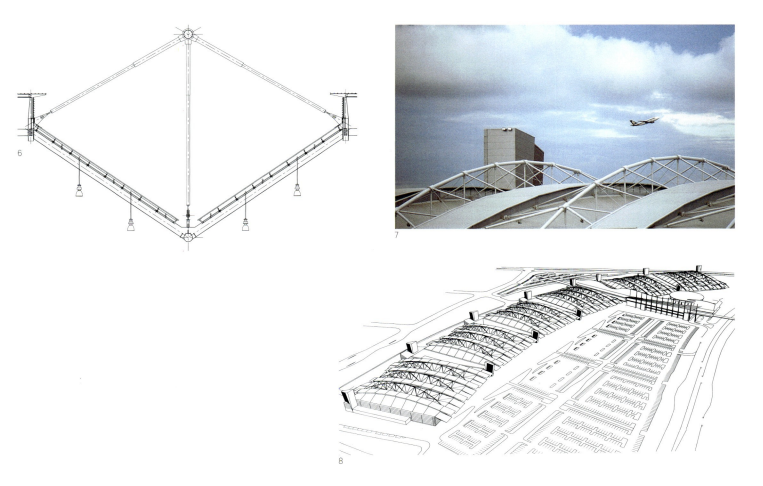

凯恩斯会议中心

Wharf 街，凯恩斯，昆士兰州
昆士兰州政府
15000m²
1999 年 9 月竣工
昆士兰州政府基建委员会
第一阶段：Civil & Civic
第二阶段：Abi 集团承包

凯恩斯会议中心的建造分为两个阶段：第一阶段于1996年完成了主厅、休息厅和会议室的建设；第二阶段于1999年完成了一间用于表演和室内体育活动的双用途大厅的建设。

中心坐落在1999年由我们设计总平面图的凯恩斯城市港二次开发区的最南端。城市港口用城市规划延伸现有的街区和海岸的开阔地带，以取代未充分利用的码头地区。除了办公楼、公寓和宾馆以外，规划中还包括了一个特种巡航码头和一座海军海事博物馆，周围是会议中心附近一些具有历史意义的码头建筑。

会议中心的设计基于三个理念。第一个理念由区域性本地工业中的具有创新意义的棚架建筑的影响和其主要建筑所使用的折板技术发展而来。第二个理念源自于会议中心对于生态旅游所具有的潜在吸引力，为此开发了一系列综合的环境系统。第三个理念是对于会议中心在总设计图中作为最终要素的地位所做出的规划上的反映，其中，折板的几何结构使得屋顶可以旋转，作为城市重建区域的终点。

折板结构被确定为一种有效率的方法，用以同时跨越60m的宽度并且在每一侧悬臂都向外超出大约8m，保护其不受热带气候的侵蚀。在飞檐下是垂直的一层感光百叶窗、阳光收集器与朝北屋顶板的边缘。肋拱将雨水均匀地导入悬槽和涡阀，并用一个圆柱形的水箱将雨水收集，然后将其再次分布到灌溉和非饮用的水系统中去。

包括第一期2400座的大厅和第二期5800座的表演大厅都具备了收缩型的座位系统，为博览会、音乐会、室内体育活动和宴会提供了灵活性。屋顶系统采取了内部暴露的做法，并且沿着每条屋脊下弦设有灯光，突出了屋顶系统的室内观感。两座大厅以简单的盒式结构被置于顶盖之下，在广场和休息室中形成了一系列引人注目的几何结构。片状的植物木质支柱从外部支撑屋顶，反映了这个以制糖业为传统的地区的乡村建筑结构。

公众场所的开发则得益于和来自包括"星期四"岛和托雷斯海峡在内的不同地区的地方艺术家们的合作，以及从浮雕到同时代的本地手工艺作品。

1. 竞标模型
2. 休息区

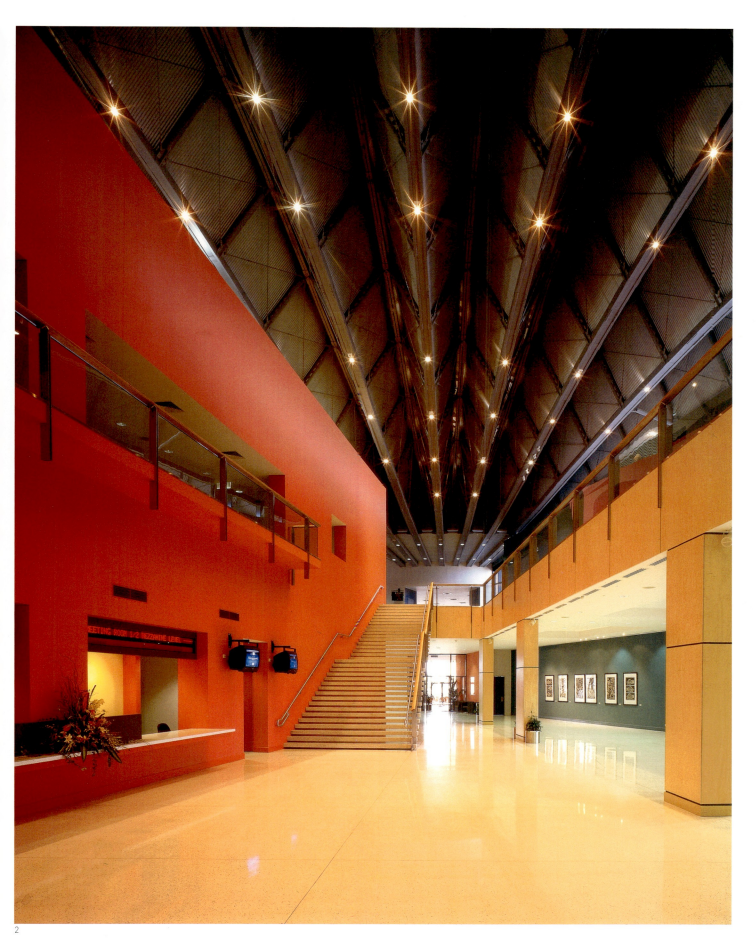

凯恩斯会议中心 145

1. 多功能赛场剖面 1:1000
2. 西北立面 1:1000
3. 西南立面 1:1000
4. 东北立面 1:1000
5. 上层平面

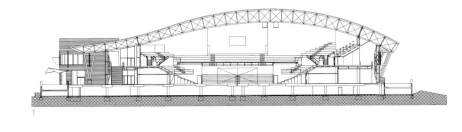

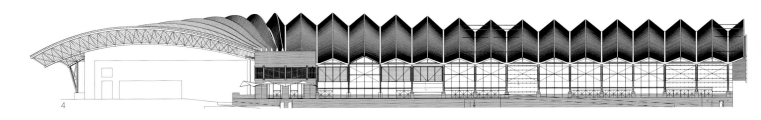

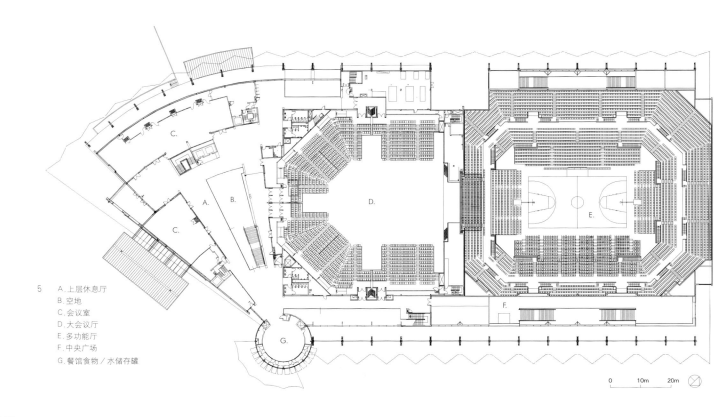

5　A. 上层休息厅
　　B. 空地
　　C. 会议室
　　D. 大会议厅
　　E. 多功能厅
　　F. 中央广场
　　G. 餐馆食物／水储存罐

1、2.前入口
3.金属折板屋顶的照明

凯恩斯会议中心 **147**

1. 屋顶结构研究
2. 西北边的屋顶细部
3. 尽端分格的杆件细部
4. 普通分格的立面
5. 支柱的投影
6、7. 遮阳板细部
8. 压杆细部
9. 第二阶段施工中的多功能赛场
10. 第一阶段的上层休息厅
11. 屋顶结合处细部
12. 第一阶段大会议厅，现处于体育场模式

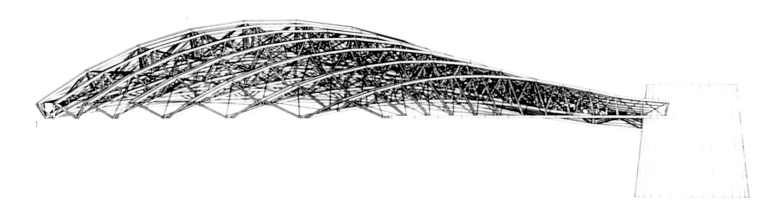

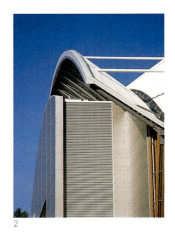   

9

10

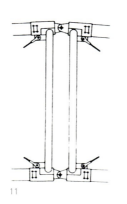
11

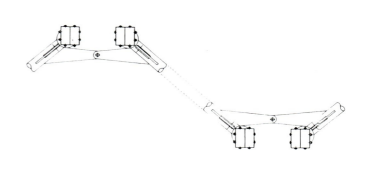

12

凯恩斯会议中心 **149**

昆士兰热带博物馆

弗林德尔斯街,汤斯维尔,昆士兰州
昆士兰艺术家联合会,昆士兰博物馆,昆士兰市政府
9200m²
1999年6月竣工
Leighton承包
与Barrett事务所合作

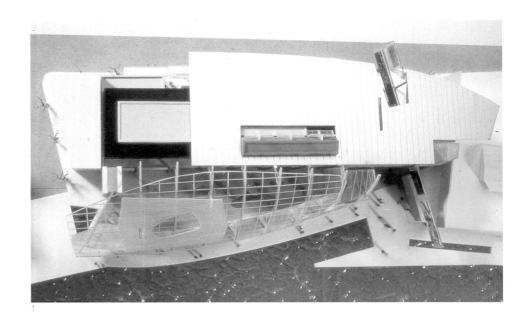
1

昆士兰热带博物馆是昆士兰博物馆的延伸。它聚焦于北昆士兰历史的四个主要方面:本土文化,海事历史,自然历史和珊瑚收藏。

其中最主要的收藏是HMS潘多拉(Pandora),搁浅于昆士兰北端近海的一艘著名的舰船。1790年,这艘舰船被派遣去俘虏Bligh船长的HMS Bounty号舰船的造反者。到达以后,潘多拉的船长爱德华兹(Edwards)被告知Bounty号已被9名造反者开走;岛上剩下的人被俘虏并被关进了潘多拉的监狱中。由于潘多拉并非为监禁犯人而设计,爱德华兹让人做了一个被称为是潘多拉盒子的笼子来囚禁犯人。在试图寻找弗兰彻·克里斯汀(Fletcher Christian)失败以后,爱德华兹开始了返回英国的航程,路线经由澳大利亚和新几内亚之间的因代沃(Endeavour)海峡,但是在1791年8月29日由于撞上了巴里尔(Barrier)暗礁而沉没。

潘多拉的残骸被分阶段地打捞起来,但并不足以重现这艘舰船。然而,积极的打捞过程却赋予了"活的博物馆"概念以丰富的含义。舰船的船头被按照原样尺寸复制,放置在一间12m高的陈列馆中,并将计划的剩余部分刻在了陈列馆的地板上。这座陈列馆的屋顶是由一个连续的三维弯曲薄板构成,并从敦座的上方一直延伸到支杆,这种结构既模仿了颠簸摇曳的船身和船帆,也是对本地所特有的单坡屋顶或是史前生物所居住的脊状笼屋的生动比喻,表明了这座博物馆的主题。

这栋建筑反衬出了镶嵌在令人想起船难的支离破碎的模型里面的盒子(潘多拉盒子)。主题陈列馆就在这个盒子之中,而儿童陈列馆和教育区以及公共设施和咖啡馆则位于更有生气的地方。陈列馆位于墩座的上方,其中包含有医务区和储藏区,能够从博物馆码头一侧的狭槽中瞥见。

在街道一侧,建筑高度从被"解构"的一端通过一系列的过渡逐步上升,并在邻近的具有历史意义的角楼一端连为一体。选择性的着色与原材料形成了对比,在吸引游客方面发挥了重要的作用,纹理的引入诱发了人们对博物馆所展现的历史作出触觉上和视觉上的回应。

1. 竞标模型
2. 地段规划
3. 从罗斯河畔看

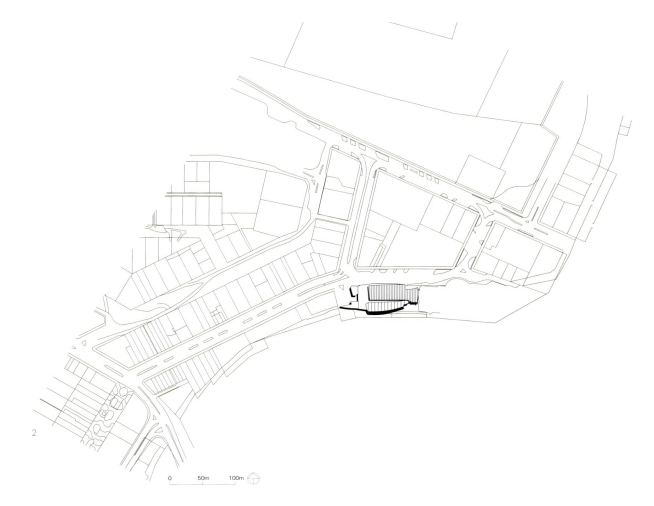

昆士兰热带博物馆 151

1. 溪畔立面 1：500
2. 街立面 1：500
3. 与历史建筑并存的街景
4. 溪畔
5. 柱廊通道街景
6. 从东侧看溪
7. 从西侧看溪

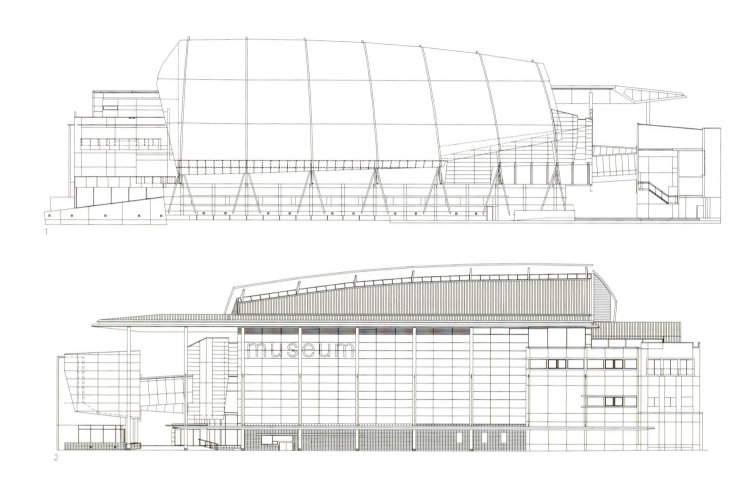

昆士兰热带博物馆

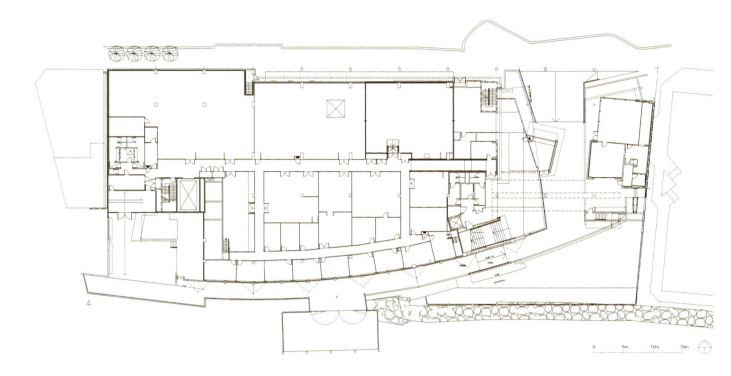

1. 天棚和顶盖的结合
2. 北立面
3. 屋顶西端细部
4. 休息和医疗层平面
5. 管理层南侧
6、7. 遮阳板北侧
8. 分层轴测
9. 主展览馆的剖面
10. 展览区斜道特写

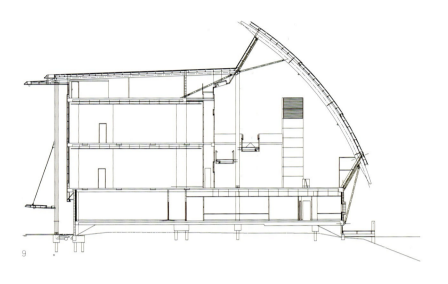

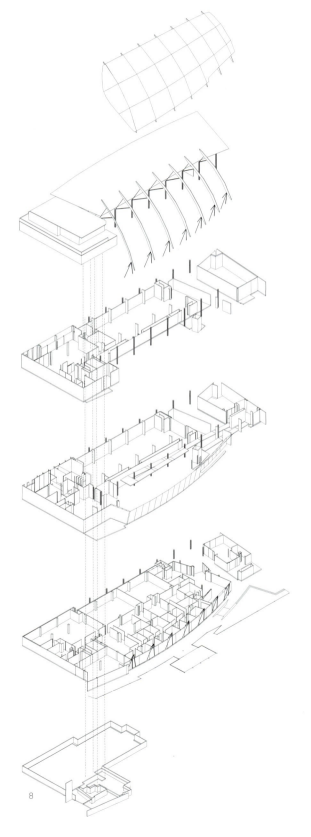

昆士兰热带博物馆

尤里卡·施托克纪念中心，巴拉腊特

尤里卡街，巴拉腊特，维多利亚
巴拉腊特城
1100m²
1998年2月竣工
胡克·科克兰主持设计

尤里卡·施托克纪念中心的建设是为了纪念澳大利亚历史上具有决定意义的时刻之一——尤里卡·施托克——1854年发生在一支500名士兵的军队和400名抗议警察暴行以及苛捐杂税的起义金矿矿工之间的血腥战斗的一幕。军队的进攻夺走了35名矿工和5名士兵的生命，并成为了澳大利亚神话和同一性政治的中心，最终在从英国殖民地统治到自治的过渡中发挥了作用。

尽管施托克的原始位置仍然不确定，这项规划使用石墙环绕在内部的沉思场所，在屋顶上还有一片纪念性的草坪，使人们回忆起了这个小丘。凹陷的沉思场所暗喻了矿井和路障的保护。

南方的十字旗在屋顶的一角飘扬，与巴拉腊特大街的轴线平行。旗杆穿透了屋顶，仿佛将博物馆固定在了地上，旗帜作为对在整个英国殖民地有着重大政治反响的一件相对较小的事件的解说词，被戏剧性地夸大了其重要性。其他对比进一步反映了斗争：本地和外来的植物都加入到了当地的美化中，而脆弱的遮阳板与大量预制板(象征被开凿的岩石通道)之间形成了对比。

这些处理方式有效地执行了环境方面的职能，自动百叶窗使高处和低处能够自然地通风，石墙和周围的护栏起到了隔热的作用，板条式的正面和悬突遮蔽了北面的阳光，使得蒸发产生的冷气能够随着空调的需要分散开来。

这座博物馆的设计是为了唤起人们的反应和情感，也是我们经常面对的办公建筑上的挑战的倒置——使一栋小的建筑看起来很大，而并非将大的建筑缩小到人的尺寸大小。然而，我们仍然相信建筑应和风景融为一体，并且用模拟和暗喻来使其更为丰富。

1. 地段周边平面
2. 穿过湖面的轴线方向

2

1. 尤里卡及周边的航拍
2. 总平面
3. 论证厅的木质幕
4. 室内庭院的帆
5. 入口处的结构
6. 殖民时代的矿工
7. 尤里卡旗原件
8. 桅杆与船帆
9. 南立面
10. 东立面
11. 北立面
12. 西立面
13. 入口处
14. 北立面

A. 主入口
B. 门厅
C. 主走廊
D. 辩论厅
E. 系统塔
F. 剧场
G. 地下走廊
H. 庭院
I. 沉思场所
J. 办公楼
K. 咖啡厅
L. 室外咖啡厅

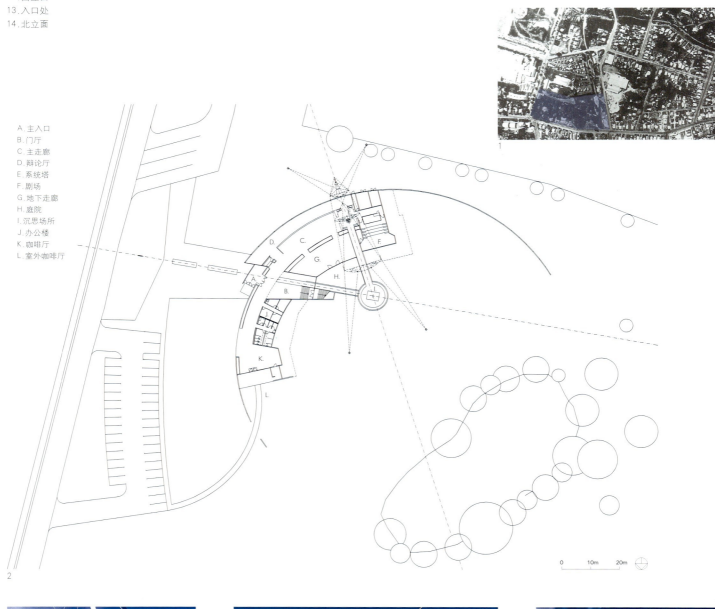

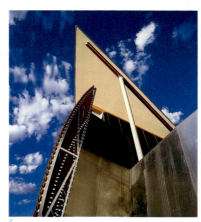

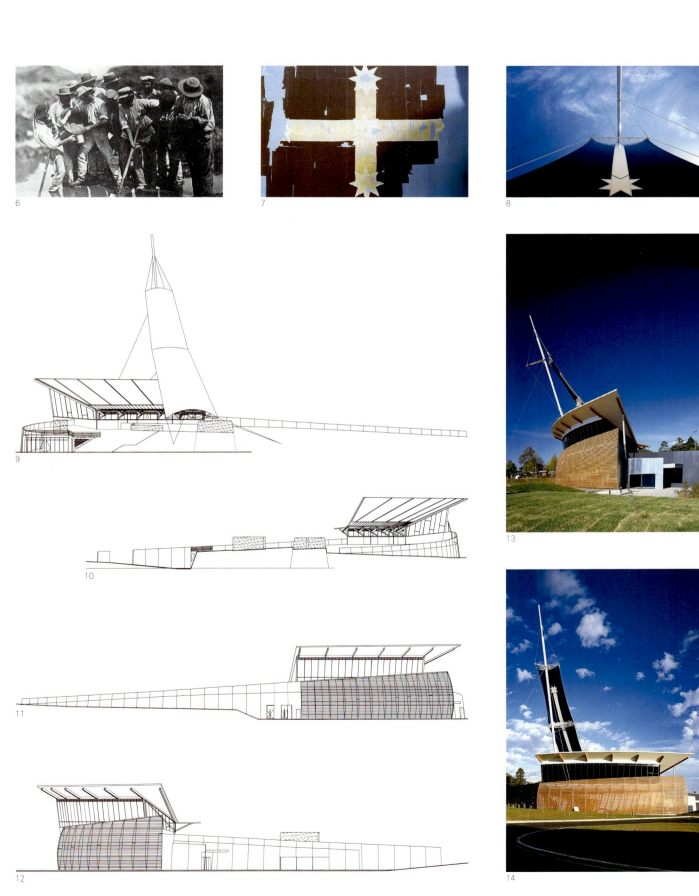

1

1. 论证厅
2. 入口厅
3. 沉思场所
4. 沉思场所与展览厅的剖面
5. 采光与通风原则
6. 桅杆处剖面
7. 屋顶杆状结构
8. 入口大厅

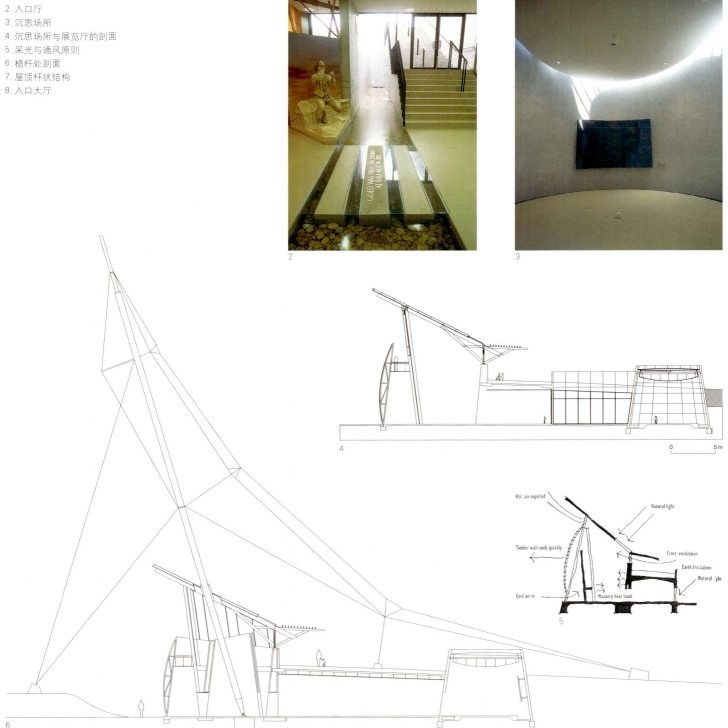

哈基特大厅，珀斯

詹姆斯街购物广场，北桥
西澳大利亚，珀斯
西澳大利亚展览馆
2000m²
1998年11月竣工
杰奥·A·埃斯尔蒙特父子主持设计

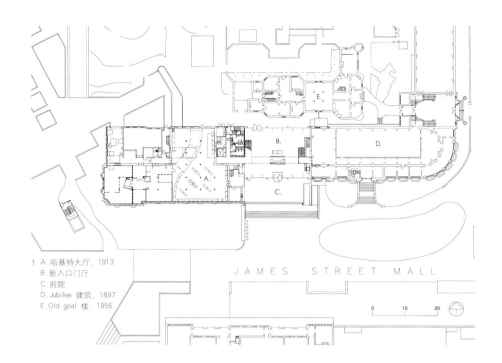

1　A.哈基特大厅，1913
　　B.新入口门厅
　　C.前院
　　D.Jubilee 建筑，1897
　　E.Old goal 楼，1856

2

　　这项工程将一个长达一个世纪的建筑界的幻想变为了现实，对1913年由威廉·比斯利设计的哈基特大厅进行了重建，将其与George Temple Poole's Jubilee 一翼(1897年)连接起来。作为西澳大利亚社区历史公共陈列馆的第一期工程，开始了西澳大利亚博物馆场所的全面重建，并且完成了由普尔在19世纪90年代首次提出的具有历史意义的总设计图。

　　哈基特大厅的恢复重建最初是为了容纳国家第一座公共图书馆，重新打开了由阳台式的书架所环绕的三层楼高的空洞。最初的古典顶棚和天井也被展现了出来。

　　这种新的连接式结构的概念目的在于使其尽可能地透明，并使其和与之连接的坚实的建筑形成了对比。用来支撑玻璃墙壁的细的受力桁架则突出了这种对比。在内部，桥和楼梯使得进入这座历史性建筑变得更加便利，这些也是强调透明性的最低限度的设计元素。

　　"透明"连接的设计也得以实现，使得1856年建造的Old Goal从博物馆的一侧仍然清晰可见。它的宽度正好与两座历史性建筑相匹配，使得其外部展示更容易鼓励游客进一步参观陈列馆。

1. 总平面
2. 詹姆斯街入口，室内
3. 修复的历史建筑，室内
4. 北立面
5. 南立面
6. 詹姆斯街入口，室内
7. 玻璃幕细部
8. 詹姆斯街入口夜景

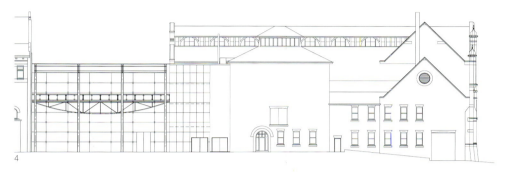

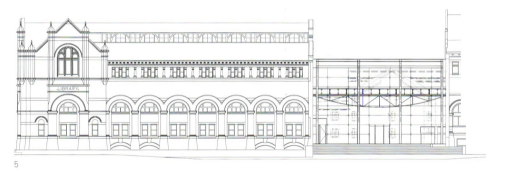

西澳大利亚海军博物馆，弗里曼特尔

弗里曼特尔滨水区，西澳大利亚
政府基建办公室
西澳大利亚滨水博物馆
5060m²
2001年8月竣工

1

西澳大利亚海军博物馆(Western Australian Maritime Museum)是弗里曼特尔海港区城市新建计划的一部分，其设计目的是为了展示著名的"澳大利亚2号"游艇。它同时也是西澳大利亚第一次登陆点的象征。

这座建筑位于斯旺河(Swan River)海角的末端，被认为既是海角的延伸，又为它的功能与职责提供了暗示。它使用了由工业组件和材料所创造的语言，反映了诸如用于潜水艇和船身的喷镀金属的造船方法。屋顶的形状与展览空间的复杂布局直接相关，使得大多数静态展览空间更具有吸引力。这一切得以延伸至一种更简洁、更为有序的、由灵活的、黑匣子式的、交互式的空间、大礼堂、售货区和询问台组成的布局。

这种设计探索了工业建筑的有机潜力以及作为依附于海峡雕塑的建筑概念。对某些人来说，它传递了一副遇难船的景象；而对另一些人来说，它使人感觉到西澳大利亚海岸线汹涌澎湃的海上历史。相似地，设计的意图在很大程度上是承认并探索水与陆地、过去和未来的海事历史之间的关系。

新博物馆的建设并不是孤立的，它形成了区域的一个整体构成部分，和现有的博物馆相联系，形成了协同效应，创造了一系列开放的弗里曼特尔西部边缘定居点和海洋历史的旅程。这座博物馆揭示了她那个环境的历史，现实和抱负；检视了影响弗里曼特尔发展的主要因素，特别是海洋与河流、居住与工业，并且以暗喻和象征的方式，在整座博物馆中将它们表现了出来。

1. 总平面
2. 竞标模型
3. 设计模型，从港口角度看
4. 设计模型，从北向鸟瞰

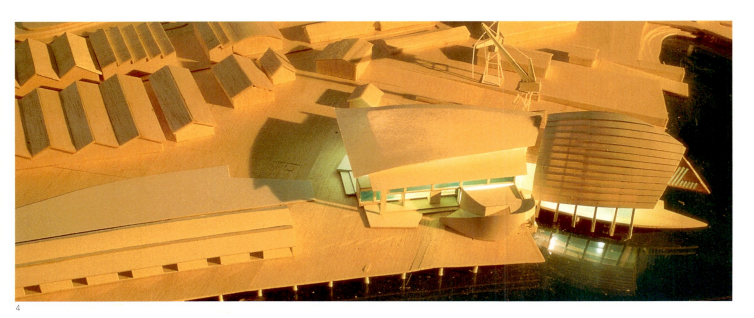

西澳大利亚海军博物馆，弗里曼特尔

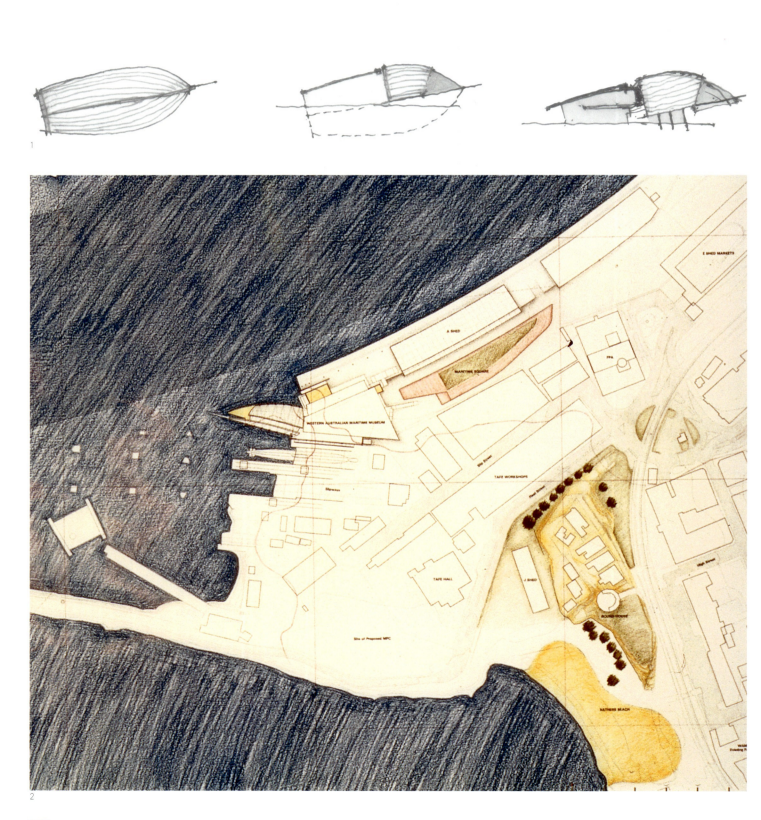

1. 造型灵感来源
2. 地段总览
3. 从堤岸南侧看
4. 从堤岸北侧看
5. 从港口角度看
6. 从码头角度看

1. 上层平面
2. 地面层平面
3-5. 概念图表
6. 北立面
7. 南立面
8. 东立面
9. 西立面

1 A. 休闲展览厅
   B. "首次登岸"通廊
   C. 通往主题展览厅的空地
   D. 功能中心
   E. 入口大厅
   F. 主题展览厅
   G. 其他

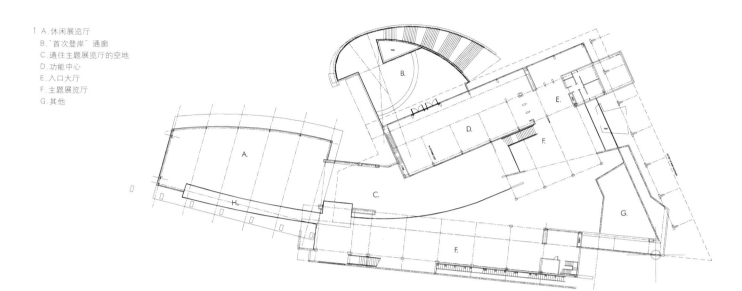

2 A. 木板路
   B. 休闲展览厅
   C. 主题展览厅
   D. 小剧场
   E. 入口
   F. 入口大厅
   G. 旅行展览
   H. 入口
   I. 展品储藏室

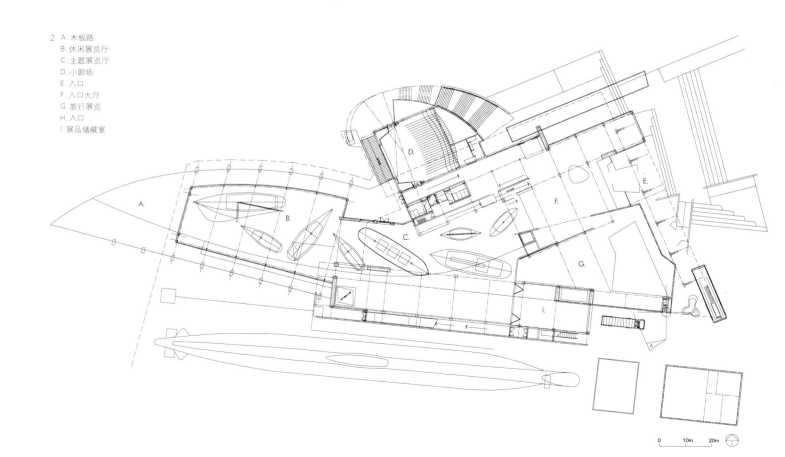

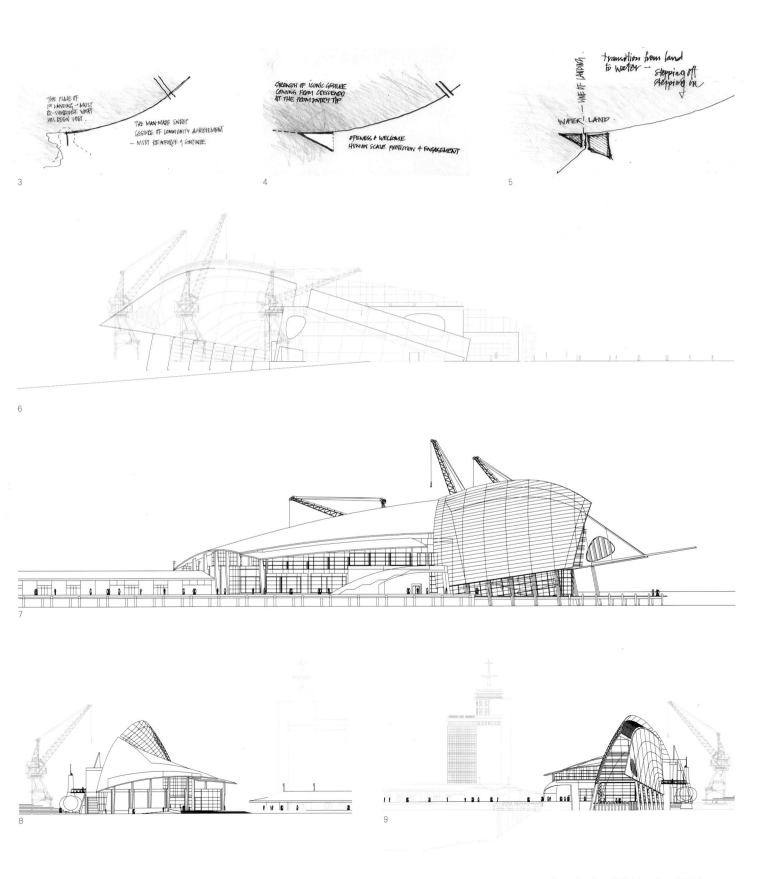

沃伯顿展览中心

沃伯顿高速公路,沃伯顿,维多利亚亚拉郡
350m²
1998年3月竣工
C & M Dobson 设计

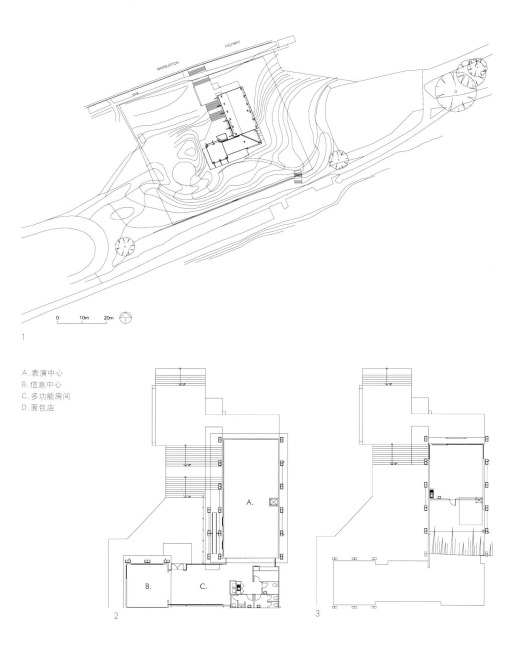

A. 表演中心
B. 信息中心
C. 多功能房间
D. 面包店

这座小的展览中心既被看做一处旅游景点,又是一个经历了长期与经济变化和自然力量作斗争并且生存下来的群体的民族骄傲的源泉。这段历史包括城镇赖以为生的木材和金矿业的衰退,以及1983年摧毁了整个地区的臭名昭著的"灰色星期三"大火灾。

中心位于沃伯顿大街陡峭的地形上。通过由一条水道连接的一系列有层次的平台,展现了它的风采。对于那些来到小镇的人来说,一座安装在上层平台上的具有历史意义的水车,形成了视觉上的标志和体验的焦点。

以森林为背景,两座亭阁的结构清晰而简洁。宽阔的主平台和到达的顺序,为将天然森林和市中心连接起来的想法提供了可能性,而且这项设施进一步参与到街区生活中来,在街道中融进了一种小的、用木材作燃料的面包店。

这项工程向我们展示了通过外部与内部关系的最优化以及场地特征的开发利用,一项规模小、成本低的设施是如何在它的基本功能需求之外获得城市风采的。

1. 总平面
2. 上层平面
3. 下层平面
4. 屋顶与楼梯细部
5. 西南立面
6. 东南立面
7. 前厅

4

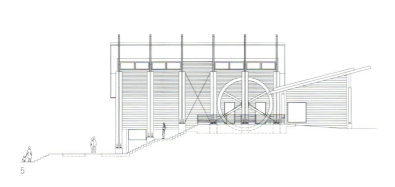
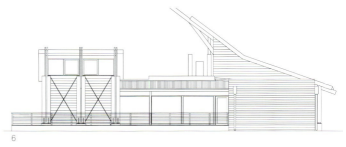

5

6

7

沃伯顿展览中心　171

里奥廷托研发设施，墨尔本

拉·特罗贝大学
高科技园
班杜拉，维多利亚
里奥廷托投资
6500m²
1992年竣工
民用 & 城市

1

这项科技开发设施的设计，是为了给跨学科的专家组营造一个激励的和交互的研究环境。

这项设施具有一张辐射状的规划图，由汇集在多用途中心的三间实验室侧翼构成。中心通过整合正式的小剧院、图书馆、会议室，非正式的约会场所和餐厅，来促进交流。这种规划使得这些场所与户外空间相互呼应，从而使研究人员之间的邂逅机会增至最大。

侧翼实验室颠倒了传统的中脊式布局，将循环水系统置于边缘，增加了与户外环境的接触。从属的交叉式行动路线使得视野和阳光穿过实验室，增强了人们对同时进行的不同研究活动的意识。外围的循环水系统将服务群置于一端，以便能够很容易地在未来的任何时候，改变实验室的布局，而且在需要的时候，每一侧翼能够独立地扩展。

建筑上的表现，来自于不对称的弯曲屋顶向外突出，并与许多板条式的遮阳窗一起，为建筑提供了遮蔽。屋顶与水平的风景台以及在侧翼之间延伸并穿过中心设施的植物群，形成了具有戏剧性的对比效果。这些组成部分和对气候的控制一起，使环境功能发挥到极致，同时也为在设施中进行的环境研究做了补充。

1. 主入口通道
2. 入口

1. 总平面
2. 入口处遮阳幕
3. 入口处前庭
4. 桅杆细部
5. 东向遮阳幕
6. 鸟瞰
7. Bushland 论证厅
8. 论证厅

A. 主要机动车入口
B. 后勤入口
C. 主体建筑入口
D. 停车场
E. 贮藏场
F. 北翼
G. 西翼
H. 东翼
I. 大规模测试区
J. 车间
K. 论证厅

1

2

3

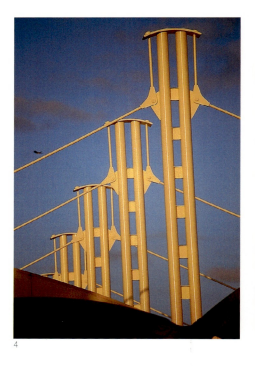
4

5

6

里奥廷托研发设施，墨尔本

索卡·加卡佛教中心,悉尼

霍姆布什海湾
悉尼,新南威尔士
贷款发展及贷款项目
1500m²
1999年3月竣工
贷款项目

A. 会议室
B. 文化中心
C. 抬升的讲台
D. 展示厅
E. 书店
F. 楼上休息室
G. 楼下休息室
H. 会议室
I. 客厅
J. 接待处
K. 会议室
L. 入口
M. 庭院

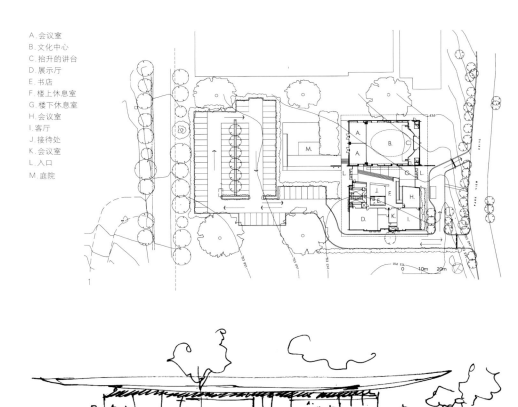

　　索卡·加卡佛教徒中心是一座水平的轻便临时性建筑,设计目的是为了使其宗教目的与其所在的商业园区的环境相符合。这座中心是为来自日本的一个世俗佛教团体修建,也为在澳大利亚快速增长的信徒提供服务。客户不要求一座突出的建筑,他们更想和谐地融入其周围的环境并与时代特征相符。

　　其简洁的设计,由一个宽阔的保护性屋顶构成,提供了实质性和象征性的庇护,同时对于墙壁的处理也反映了僧袍上的丰富颜色。入口处由一片将600座的文化中心和行政区域分开的连续的翼板构成。其他设施包括会议室、接待室、图书馆和书店。文化中心的高度是由与外部拓扑结构相应的水平面的变化而获得,并且由一个椭圆屋顶得到加强。

　　建筑的所有墙壁都没有达到顶棚的高度,象征开放,并且使得日光能够穿透内部空间。其他不同的象征性借鉴,特别是对当代日本建筑的参考,被实现并且被延伸到了风景之中。

1. 总平面
2. 概念草图
3. 北立面
4. 主厅前的庭院

3

4

索卡·加卡佛教中心，悉尼　**177**

1. 前厅，接待处和书店
2. 主厅入口和前厅
3. 文化中心
4. 东南立面
5. 北立面的片状墙
6. 立面细部
7. 主厅和屋面腹面的剖面细部
8. 西北立面

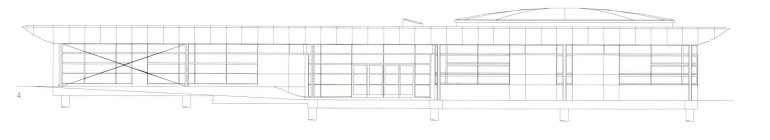

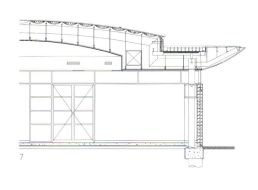

索卡·加卡佛教中心,悉尼　179

星城，悉尼

皮拉玛路，皮尔蒙特，悉尼，新南威尔士
Leighton 承包公司投资
225000m²
1997年11月竣工
Leighton 承包公司
合作建筑师：希利尔(Hillier)集团

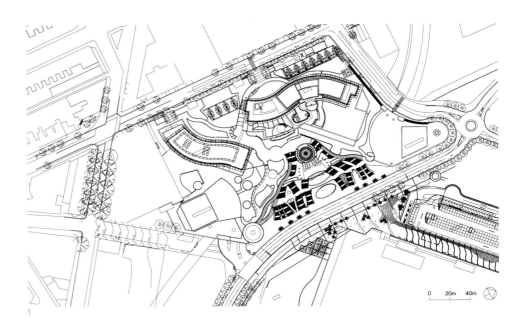

星城是达令港二次开发计划的重要组成部分，起源于1998年澳大利亚二百周年纪念的悉尼码头重建计划。在那个时代，达令港主要的公共建筑是由Cox集团设计的三大设施组成——悉尼展览中心、澳大利亚国家海洋博物馆和悉尼水族馆。自那以后，港口地区经历了宾馆、办公楼、零售中心和公寓等私有部分的惊人发展。

星城由美国的希利尔(Hillier)集团承建，是第一项大型的多功能工程开发项目，包含了赌场、宾馆、公寓、能容纳2000人的音乐厅、陈列室、餐馆和咖啡厅。单是赌场，除了160张赌桌和1500台自动售货机以外，还有5家餐馆和8间酒吧。

星城24小时营业，几乎是一座城内之城。根本的设计挑战就是自然地把这座综合建筑融入周围的历史性港口建筑和皮尔蒙特的内城市郊之中。这种设计理念将赌场和临水建筑置于一座由花园平台所环绕的小丘当中，事实上就是将宾馆和公寓楼建于一座美化过的基座上。

主要的文化场所—音乐厅也是关键的象征性要素。尽管空间也是封闭的，但其休息厅被设计成一座透明的圆柱体，在夜晚仿佛海上的一盏信号灯。剧院的空间灵活自由，在坑型演奏台和推动式舞台模式适合于歌剧、芭蕾、音乐和戏剧的表演。

建筑边缘和内部的流动性不但注入了一种轻松的气氛，而且通过不断转换的视角来隐藏建筑的巨大尺度。内部主题的变换营造了一种幻想的感觉，已经脱离了以前视赌博为其惟一重点的时代。

然而，音乐厅是更有节制的空间，它通过艺术家科林·兰斯利(Colin Lanceley)所设计的顶棚来传递抒情的本质。在其对面陈列馆是一座供900名赞助商使用的酒店式的剧院，其观众席分为5层，有宴会厅、临时售货机，和从一个推动式舞台及其周围的旁侧舞台所延伸出来的松散的座位。

这座宾馆包括306个标准房间和46间套房，而住宅楼则提供了139所公寓。这些建筑以蛇形来强调其潜在的几何结构。

星城是一项非常复杂的工程，然而又为传统封闭式且外部坚实的零售购物中心提供了另一种建筑模式。通过其娱乐、文化和住宿用途上的综合以及其动态的空间和几何结构，星城向我们展示了一种把新生活注入已经衰退的城市的方法。

1. 总平面
2. 利里克剧院前厅结构

1. 前入口夜景
2. 临街入口
3. 滨水楼梯和平台
4. 南立面 1：600
5. 剖面 1：600
6. 东立面 1：600
7. 西立面 1：600
8. 娱乐层平面

1

2

3

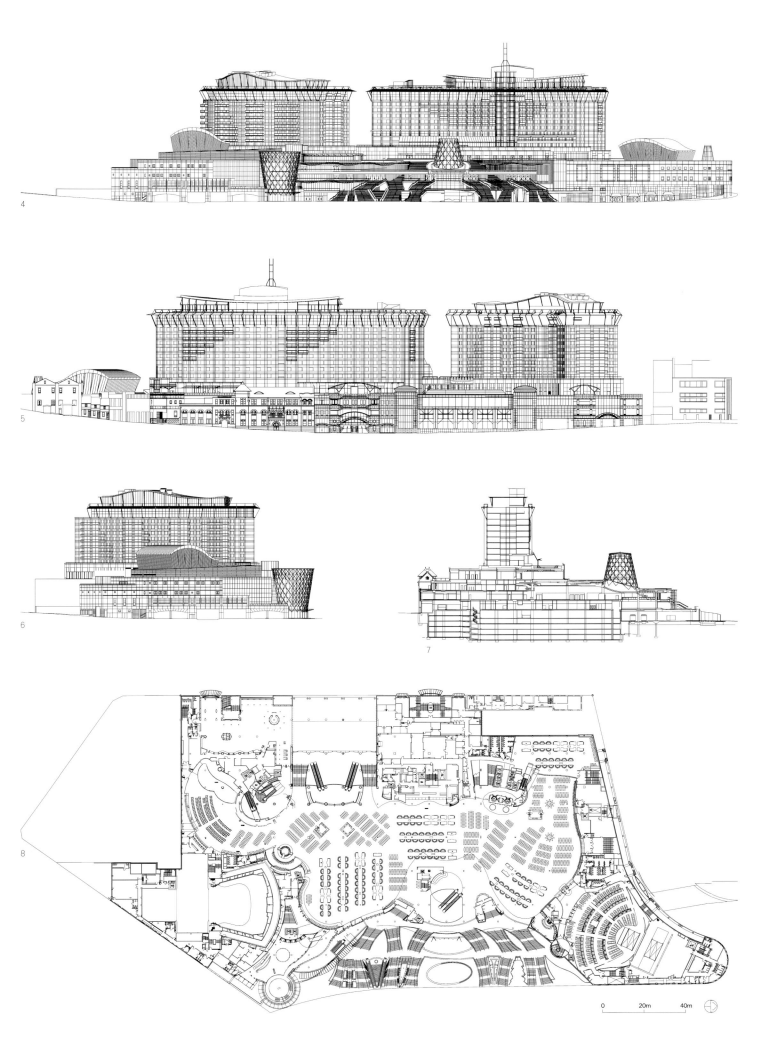

1. 利里克剧院，包厢与屋顶
2. 利里克剧院剖面
3. 入口走道
4. 高处座席
5. 利里克剧院平面 1：1000
6. 舞台平面 1：1000
7. 舞台

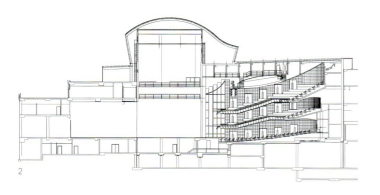

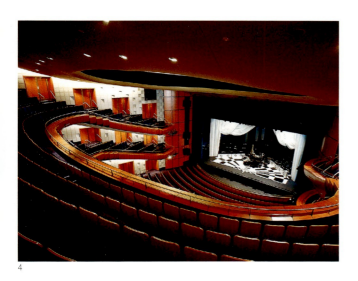

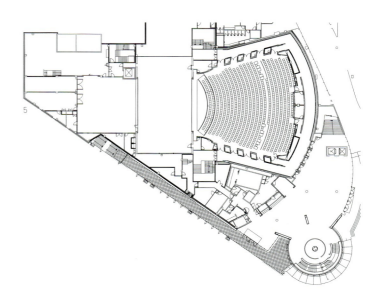

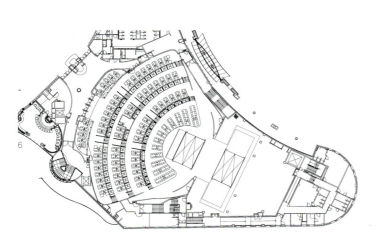

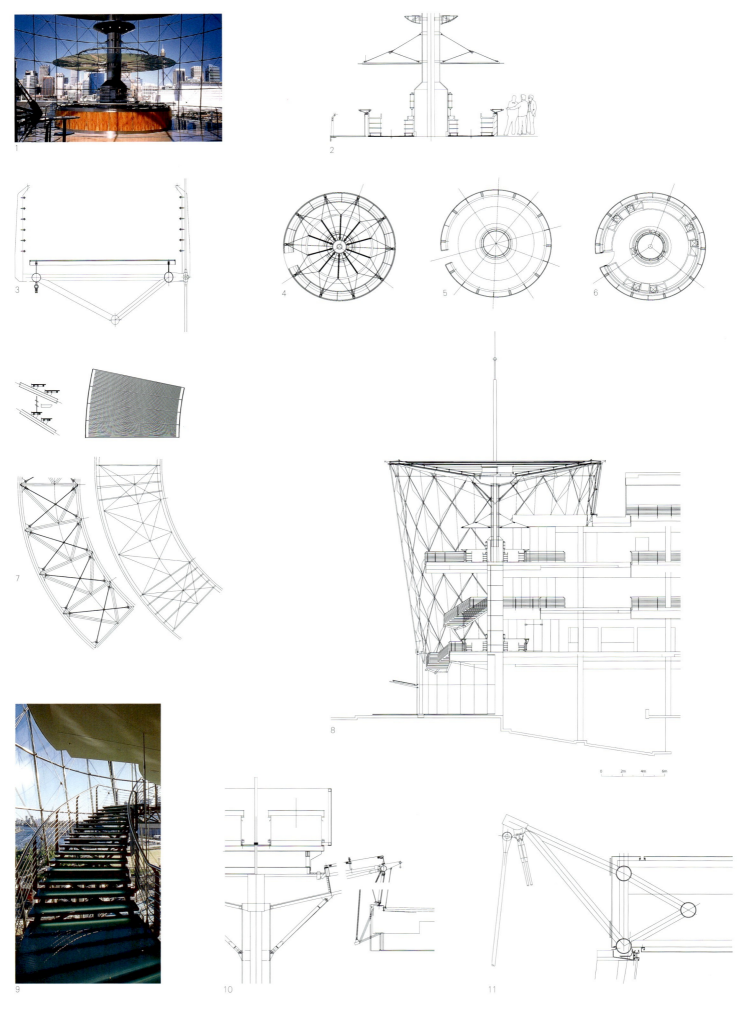

1. 利里克剧院，休息厅酒吧
2. 酒吧剖面
3. 楼梯细部
4. 酒吧的反光吊顶层平面
5. 酒吧台平面
6. 酒吧平面
7. 楼梯结构
8. 锥形前厅剖面
9. 旋转楼梯
10. 屋顶细部
11. 索网支撑细部
12. 锥形结构
13. 3维结构研究
14. 锥体细部剖面
15. 锥体剖面
16. 细部平面
17. 锥体室内

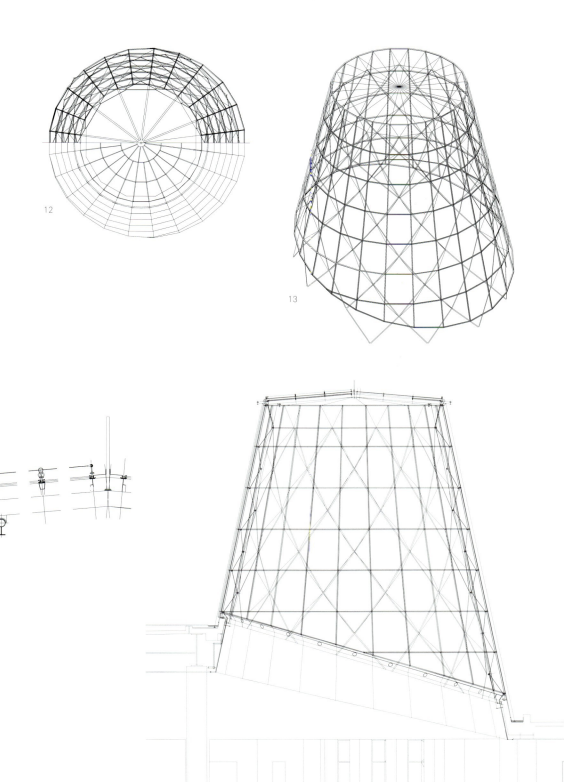

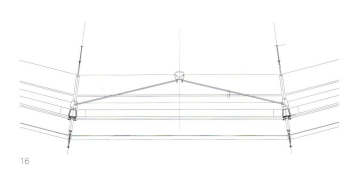

1.3维波浪形雨篷研究
2.雨篷细部
3.雨篷俯视
4.雨篷内侧
5.台阶序列
6.宾馆电梯细部
7.宾馆电梯间部分剖面
8.宾馆电梯连接细部
9.宾馆天窗
10.连接节点
11.天窗连接细部
12.天窗平面
13.镜面玻璃天窗细部
14.天桥
15.天桥细部
16.镜面玻璃

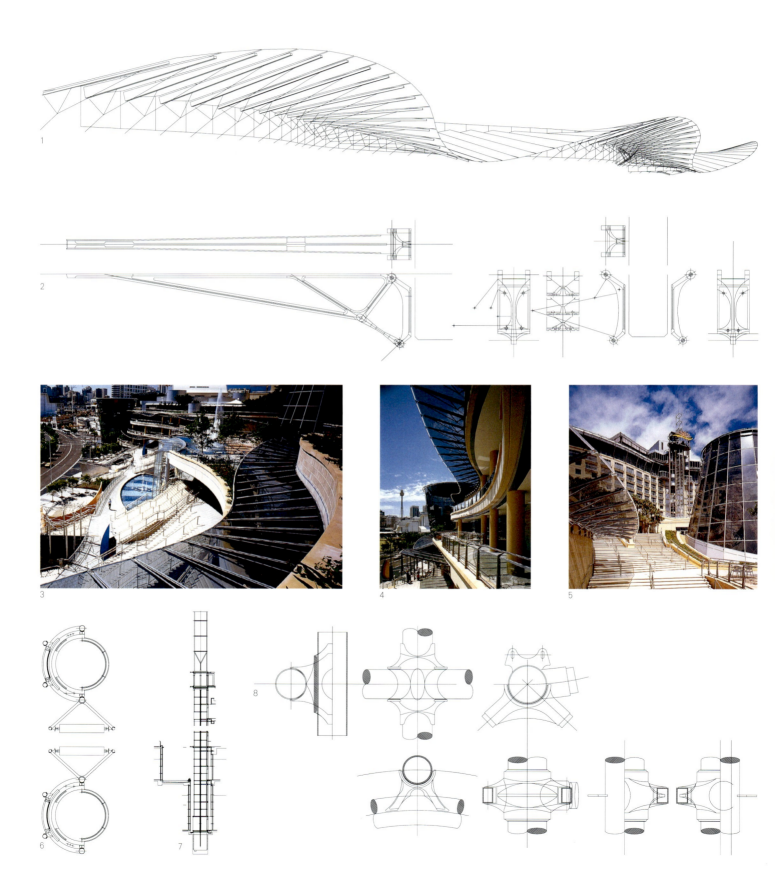

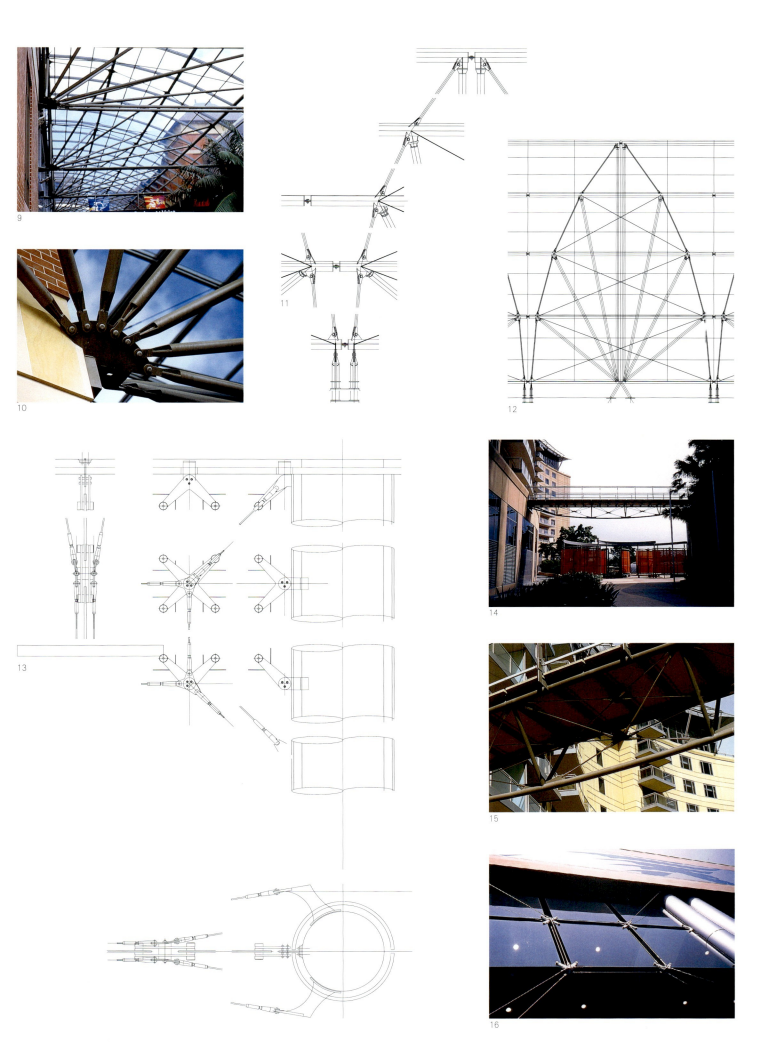

星城，悉尼 189

捷斯中心,布里斯班

格里街,南岸,布里斯班,昆士兰州
捷斯承包公司
11600m²
1999年6月竣工
捷斯承包

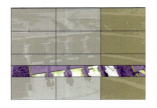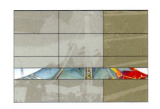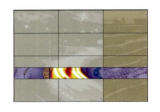

1

作为澳大利亚最重要的建筑之一,以及采矿和环境工程公司的总部,捷斯中心取代了公司在城市工业区的已经过时了的机构。

重要的是公司新的所在地位于中心被称为南岸的河边花园区,而不是中心商务区。地点的选择反映了对于员工舒适度的关怀,并在整座建筑中以保健设施、自助餐厅和户外平台的形式加以实现。工程地点的选择也考虑了从布里斯班河对面的中心商务区看过来时视野的开阔程度,以及使得与中心商务区连接更加便利的一座新建的步行桥。

这座以办公楼为主的建筑是为南岸新设计的总平面图的主要组成部分,将升级一项取代了1988年世界博览会的第一期开发计划。这项第一期规划建立了娱乐性的庭园和水滨餐馆,但是缺乏一座人口稠密的城市所应具有的环境生气。这张总平面图由一条新的由商业、住宅、零售和娱乐建筑构成的大道形成,同时以一种将该区域融合到其环境中的策略,将现有的交叉街道扩展到了庭园的边缘部分。

开发方针特别要求将墩座和塔式建筑放在大道西侧;而东侧建筑的高度则不能高于墩座。这种对于捷斯中心来说有点限制性的拓扑形状,是通过将规划中的塔的前端和高处的天顶弯曲的办法来完成的,这两个几何结构创造了一种欺骗性的比例感觉。它的前端和后端的区分是通过作为一种使结构更加清晰的轻型和重型的石质结构来实现的。这些方法在环境方面有着直接的应用,屋顶提供了延伸的遮蔽,而石质部分则起到了阻挡灼热的夕阳光线照射的作用。弯曲的前端使得河流和城市的视野达到最大限度,并且受到一个百叶系统的保护,这种百叶系统在东北角的密度增加了一倍,以进一步对阳光进行控制。

公司通过设计建筑的建造技术和建筑材料展示了其专业的一面,建筑的正面是由具有相对较高紧密度容限的不同的铝带和玻璃带构成。休息厅是由砂石、金属片和花岗石衬底,反映了公司采矿的职责。用于外部的图形源于被添加到分层的地质层屏幕上去的过去的环境、采矿和基础工程的图片。

建筑的维护是通过其后面的一条现场通道进行的,这条通道最终将作为一条连接几栋毗邻的办公楼的维护通道。在一开始,这些建筑被构思成一系列有着微妙的不同形状的雕塑,并最终形成了这座城市中同时代最有特色的城市街道之一。

1. 布里斯班的 Dot Dash 所作草图
2. 概念草图
3. 从布里斯班河看

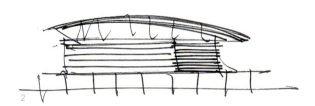

捷斯中心，布里斯班

1. 东立面
2. 角透视
3. 东北向透视
4. 屋顶支柱透视
5、6. 立面及屋顶细部
7. 街道层平面
8. 前厅

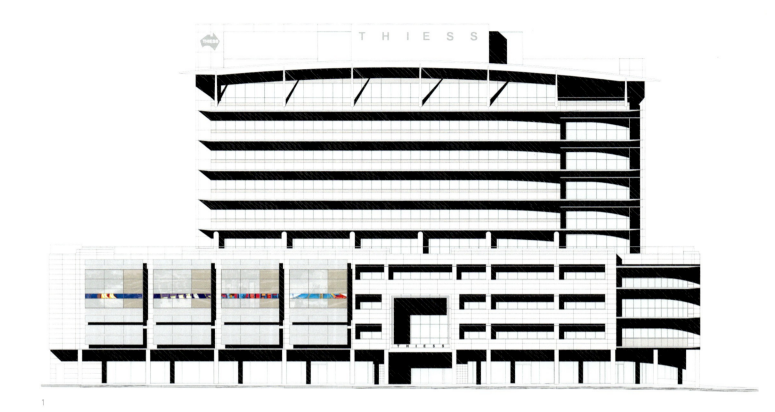

3

4

5

6

A. 前厅
B. 临街细部
C. 后勤通道
D. 停车场

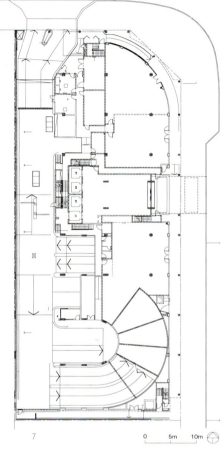

7   0 5m 10m

8

捷斯中心，布里斯班

布伦瑞克大街 381 号，布里斯班

布伦瑞克街，布里斯班，昆士兰州
昆士兰艺术家联合会，昆士兰州政府
1300m²
1998 年 12 月
沃尔茨和休斯合作主持设计

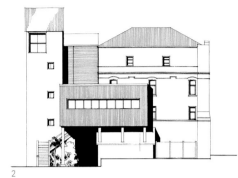

布伦瑞克街 381 号是将以前的一座烟草仓库翻新，成为当代许多重要的昆士兰艺术组织的组合办公楼。这项翻新工程是在布里斯班的福蒂特德(Fortitude Valley)中建立一片综合性的文化区的计划的一部分，由 Cox 事务所承建的下一项工程就是在对面的一座当代表演艺术中心(参见 P46)。

这栋建筑的上面三层是办公楼，第一层是一间当代工艺美术陈列馆。这项工程的承建还与三名布里斯班的艺术家进行了合作，他们通过休息厅系统发展了一系列的"指路牌"，将其植入垂直的循环系统中。当地其他设计师则参与了细木、五金和松散结构家具的设计。

这项规划是以一种共享设施与空间的理念为基础的；这种理念将会进一步发展到下一个阶段，即老式家具和茶具的再发展，以鼓励当代视觉艺术、舞蹈、音乐和混合式媒体实践的交流。

这座建筑也被用于临时的艺术活动，例如将录像投影到墙壁上。它也是昆士兰公共艺术代表处(Queensland Public Art Agency)的所在地，这是一个将整个昆士兰公共工程中的艺术和建筑结构融为一体的领导组织。

这项工程代表了我们将坚定的致力于将艺术、建筑结构和楼房融为一体的建筑方向，目的在于拓宽建筑环境的文化相关性以及将建筑实践扩展以容纳更多的设计师。

1. 刷新的前立面
2. 修葺的后立面
3. 前厅
4. 设置在地板上的杰伊·扬格和安－玛丽·雷安妮所作室内激光唱碟作品
5. 地面层平面
6. 格雷戈里·吉尔摩的作品陈列
7. 整饬一新的沿街立面
8. 重建的楼梯及电梯
9. 格雷戈里·吉尔摩设计的门把手

3

4

A. 入口前厅
B. 电梯
C. 小路
D. 混合展览空间
E. 公共交流空间
F. 管理处

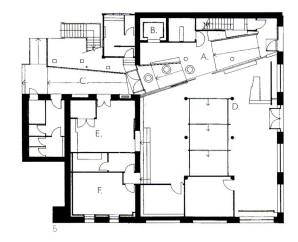
5

6

7

8

9

布伦瑞克大街381号，布里斯班

北湖销售与信息中心，布里斯班

北湖，布里斯班，昆士兰州
贷款发展投资
700m²
1999年12月竣工
沃尔茨和休斯合作主持设计

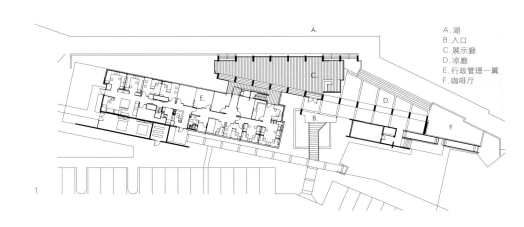

A. 湖
B. 入口
C. 展示廊
D. 凉廊
E. 行政管理一翼
F. 咖啡厅

　　这座组合式销售与信息中心的设计目的，是为了在北湖的一项大规模居住楼开发项目完全建立的时候，将其改变成为一个社区中心。这座建筑包含了一处用于展示材料的湖滨地带，一个室内室外两用咖啡馆和为发展商服务的管理设施。

　　这项设计探索了每一个主要组成部分通过对规划和容量的操纵而产生不同体验的潜力。线性的管理和陈列的空间容量在平面图和剖面图上是错位的，形成了一条内部的脊，其上的屋顶过滤了非直射的阳光。咖啡馆在一系列板墙的范围内由脊向外伸出，通过逐渐展现湖的面貌使人们到达时的体验更富有戏剧性。垂直的墙板沿着湖边连绵，在折射西边透射的阳光的同时，也进一步衬托了景色。

　　这种做法反映了市场对于坚实、牢固的建筑的偏好，这座中心的设计还旨在抓住当地著名的轻型建筑结构的精神。这种交叉是通过将涂抹过的石墙作为超大百叶窗帘的方法获得的，其上的小阳光屏和藤架的延伸提供了气候保护。

　　这种组合类型被看做是一种鼓励郊区房屋建筑者和设计者探索环境问题解决方案的方法，而且并没有抛弃传统的、被人们广泛接受的房屋类型。

1. 地面层平面
2. 陈列展览室内
3. 东立面的遮阳板
4. 内院
5. 越湖而看
6. 东立面
7. 展览空间后的咖啡座

FHA 图形设计公司，墨尔本

拉斯林街，西墨尔本，维多利亚
FHA 图形设计公司
600m²
1998 年 1 月竣工
APM 集团

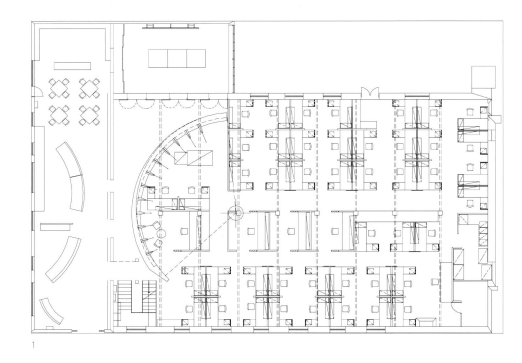

该工程将一处现存的历史悠久的货仓翻新为墨尔本主要的图形设计公司——FHA Image Design 的新设计室。建筑概要强调了客户对于通过设计一个体现他们自己绘图工作的、富有创造性的和高效的工作环境的方式，来表现 FHA 品牌价值的渴望。

工程的关键就在于保留现有建筑的大部分特征并与以前的一些元素相结合。现有的内部结构主要是暴露的砖块和木质桁架，而且被分成了一个接待客人的咖啡厅、主设计室和会议室。主设计室可容纳 500 名个人或工程组的设计人员。

这项工程的主要组成部分就是雕塑的屏幕，它不仅将空间分隔开，而且也是作为由客户富于创造性的灵感激发而形成的一个图标式的特征。它被设计成为一个销售的背景，用来展示 FHA 现在和过去工作的一些动态投影的图片。一个木质和金属结构构成了一个弯曲的骨骼框架，其上安装了一个透明的玻璃纤维外罩。这个有机的组成部分被置于结构化的产业设计空间，在这个框架上，外罩成了不断变化的图形。

定制的工作站的开发也纳入了这项设计当中；用户的任务加上特殊的现有建筑的状况，提出了一项试验性的挑战。新的设计元素限制于现有建筑的结构，分开的墙壁高度虽然不同，但从没有接触到建筑的外壳。公司总裁所在的中心地带的设计，营造了一种开放式但又私有的工作环境。设计方向旨在创造有限的空间，各个单位在为集中式工作提供足够保密性的同时，要保持尽可能的透明。材料的使用受到了限制，颜色简明并富有质感，特点鲜明的墙壁上鲜艳的颜色确定了空间的深度。

1. 一层平面
2. 雕塑屏幕的概念草图
3. 咖啡座及交往空间
4. 不同颜色及高度的工作室长廊
5. 工作站的小隔间
6. 主题屏幕

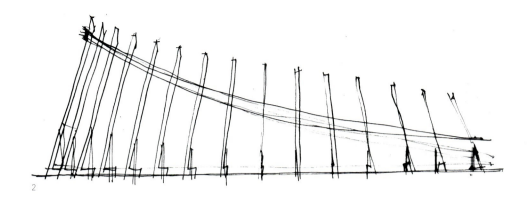

FHA 图形设计公司，墨尔本

国家葡萄酒中心，阿德莱德

汗科尼路与植物园路
阿德莱德，南澳大利亚
南澳大利亚管理与信息服务部
6000m²
2000年12月竣工
专家
与史蒂夫·格里夫建筑事务所合作

国家葡萄酒中心被认为是澳大利亚发展迅猛的葡萄酒业的旗舰，同时也是一个文教中心和旅游景点。

这个中心将使每一位游客了解葡萄酒的方方面面，包括葡萄生长、葡萄酒制造和正在开发的制酒新技术。它包含一座交互式博物馆，一套综合的品酒设施，以及澳大利亚葡萄酒工业组织的办公楼和举办大型活动的功能性场所。

半球形的规划设计是为了在鼓励游客以顺序的方式体验中心的每一部分的同时，将建筑室内与风景连续地结合起来。弧形的一侧通向两座将要进行翻新的历史性建筑，一座是将以前的Tram粮库翻修为新的国家植物标本室，而阿德莱德植物园管理局则位于另一所建筑内。

建筑的形状部分地受到了组成酒桶的木板的启示，部分地受到了冬季葡萄藤的骨架形状的启示。建筑组件的布局保留了现场一些重要的树木，并且以放射状的方式布置新的植物以将景致的焦点集中于花园之上。一系列风景的介入被用来逐级体现从建筑边缘到花园自然轮廓的变化。

1、2.概念草图
3、4.概念模型

国家葡萄酒中心,阿德莱德

1、2. 模型照片
3. 大厅立面
4. 中央部分剖面
5. 总平面
6. 葡萄酒中心平面

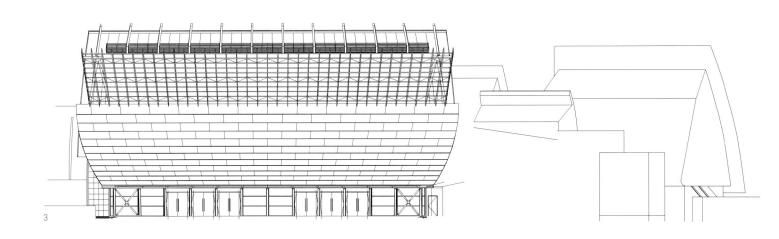
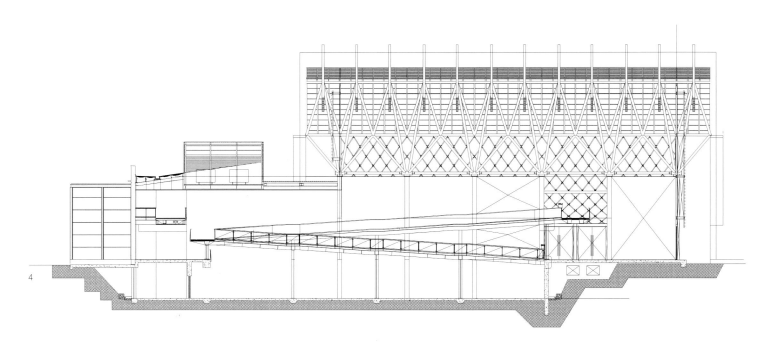

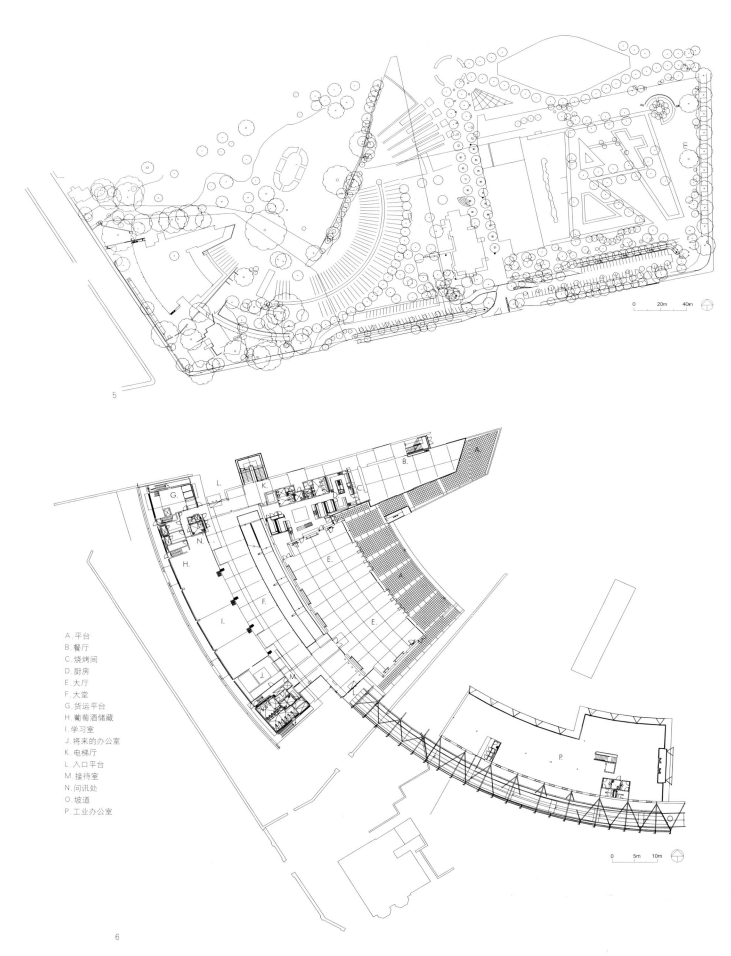

A. 平台
B. 餐厅
C. 烧烤间
D. 厨房
E. 大厅
F. 大堂
G. 货运平台
H. 葡萄酒储藏
I. 学习室
J. 将来的办公室
K. 电梯厅
L. 入口平台
M. 接待室
N. 问讯处
O. 坡道
P. 工业办公室

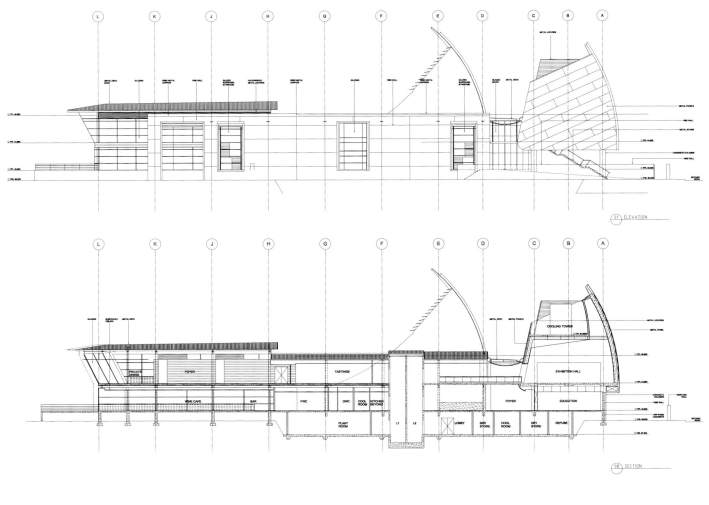
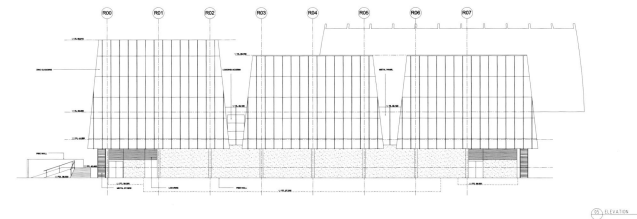
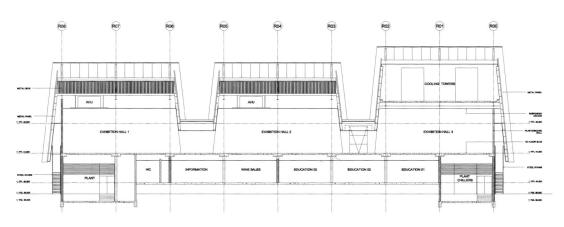

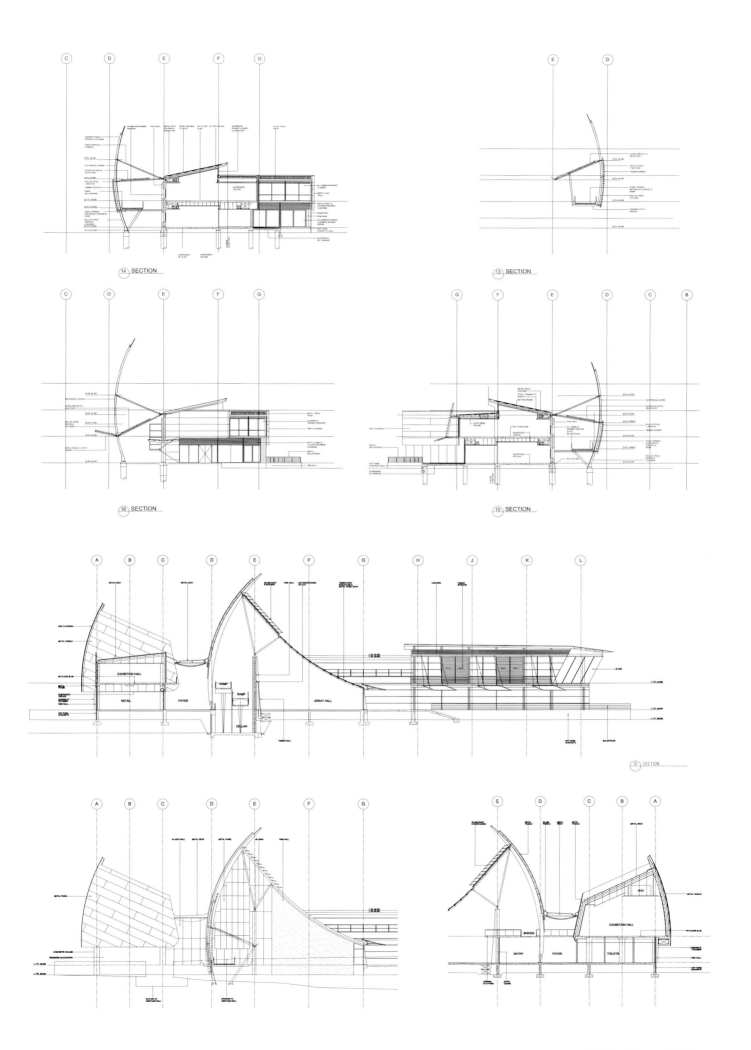

国家葡萄酒中心，阿德莱德

布里斯班南岸步行道和自行车桥

南岸到植物园
布里斯班，昆士兰州
南岸集团与昆士兰州政府共同投资
长400m，宽6.5m
2001年1月竣工
约翰·霍兰结构工程公司

1

这座桥对于布里斯班的文化生活意义重大，因为它连接着城市的中心商务区和主要的休闲娱乐区。大桥横跨布里斯班河，长400m，宽6.5m，中间跨高15m，以满足通航的要求。

因为桥的长度过大，难以用单一的结构来实现这样的经历，所以它被构思成一个经历各个部分的旅行。从城市的河岸开始，第一个部分以传统的桥墩为基础，伸向河中央并且以一个桥墩的"亭子"作为结束。这个亭子可以作为船只的缓冲器和具有阳台、雨篷和挡风设施的公众活动场所。这些元素在设计时遵循一个观点，即创造一个人们可以驻足停留，并反映河的特点及其历史的场所。

桥的中心部分跨度为100m，是向上翘起的双拱结构。桥面悬挂在细的钢索上，设计上使钢索在白天几乎看不见，这与其在夜里的景象形成对比：在晚上，钢索和结构被带形灯光照得通体明亮。

桥的最后一部分是位于地面之上的一段土墙，两边是半透明的屏幕和笔直的植被，预示和引出了南岸的花园。土墙穿过布里斯班海洋博物馆，通过对原有建筑的改造，使得这次旅行与城市历史的重要部分融合在了一起。

这座桥在城市生活中起了很多作用。它连接着城市中两个主要的大学：昆士兰理工大学和格里菲斯艺术学院，使得布里斯班大学城的地位得以加强。它将连接城市中两处主要的开放空间——植物园和南岸花园，它将弥补连续的自行车交通系统中残缺的一环。步行者和骑自行车的人将分享这条大道，而且这座桥为观赏城市久负盛名的烟花表演提供了一个最好的场所。

1. 竞标模型鸟瞰
2. 竞标方案的电脑模拟
3. 竞标方案的照片合成

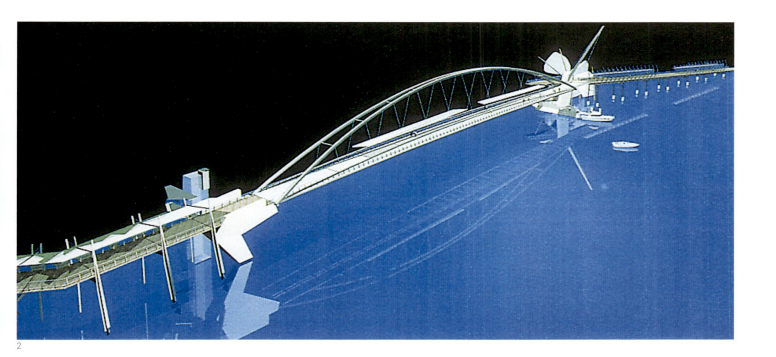
2

3

布里斯班南岸步行道和自行车桥 **207**

1-4. 竞标中亭子的概念
5. 最终的设计平面
6. 最终的设计立面
7. 位于河南岸的海洋博物馆的桥立面
8. 亭子的横剖面
9. 双拱的横剖面
10. 土墙的横剖面

1

2

3

4

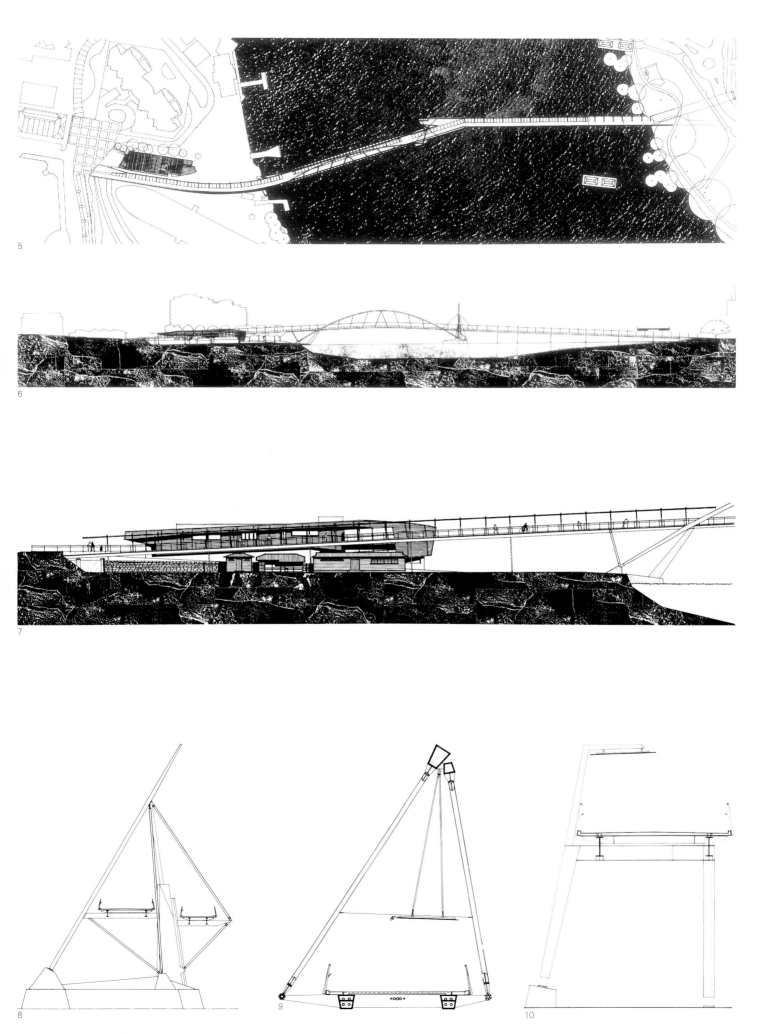

亚历山德拉公主医院,布里斯班

伊普斯威奇路,伍卢哥巴,昆士兰
昆士兰州卫生部
85000m²(主体部分)
2001年8月竣工
建筑结构:约翰·霍兰工程结构公司
管理承包:博德斯通·海因布鲁克
与麦克奈尔·史密斯和约翰逊合作,
并组建Cox MSJ合资公司

1

这个再开发项目是昆士兰市卫生服务大检查综合项目中最大的两个项目之一。参加项目设计的有很多澳大利亚重要的建筑公司,在世纪交替的时候也为建筑的状况与发展的方向(至少是在这种综合体项目之中)提供了标准。

亚历山德拉公主医院是惟一一个经过竞标得出结果的项目。这个竞标反映了一种普遍的观点,这种观点认为以前的很多医院缺少与社区的融合且与城市肌理不相匹配。设计的平面与传统的将建筑布置于医院周边的趋势相反,将新建筑作为规划的中心和各条进出路线的交汇点。这一做法需要拆除两栋主要的老建筑,利用新建筑将所有敏感的地方统一起来,并将普通的病房楼与主要的教学和科研设施相结合。

新建筑的布局是两条很长的平行的翼,通过穿过庭院的三座桥连接。中间的一座桥与贯穿整个医院的直线型的交通干线相吻合,校园中每一栋保留下来的建筑都与之相连。因此新的交通干线成为开发项目中主要的重新组织的要素。由交通干线和交叉节点界定出的每一个空间都被布置在一个庭院之中,与邻近的设施有着直接的联系。

中心的内庭院是一个大的水庭院,这是一个关键的定向空间,它将自然光折射到室内,在喧嚣的背景下创造出一个宁静的空间。

医院的改建提供了760个床位,其中540个布置在新的中心建筑之中。它是一个重要的三等医院,教学设施分布在用于实习训练的各楼层中,并在病房楼旁边加建了一栋研究楼。

新建筑在建筑表现上运用了各种不同的轻质挂板,这些轻质挂板厚度各异,对太阳能的处理方式因方位差异而各不相同,通过颜色和质感的差异可以识别出功能上的变化。设计依靠被动式能源系统来减少经常性的费用,为病人提供最开阔的景观。透明的想法被贯彻到整个建筑之中,目的是为了使各种医疗功能更加清晰可见,减少病人对它们的陌生感。

整个医院的组织是基于一个大的医院就是一个社区的概念,这种社区有一套与城市相类似的复杂而相互联系的功能。主要与次要交通路线组成的限定空间的结构,和沿着这些路线的大小、特点各异的空间都体现出这个概念。

1. 最初竞赛模型，左边是新建的主体医院
2. 总平面
3-6. 在设计进行过程中修改的主体建筑的工作模型

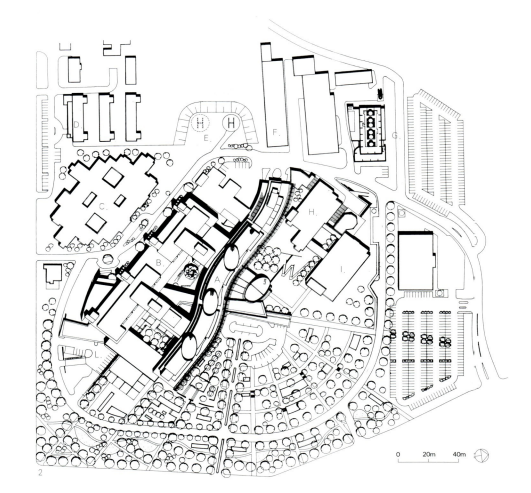

A. 新病房楼
B. 新门诊楼
C. 现有的康复中心
D. 经过翻修的肾透析中心
E. 直升机停机坪
F. 现有的设施维护中心
G. 新建的中央能源站
H, I. 翻新的心理健康和脊椎研究中心
J. 现有的将被拆除的建筑
K. 新的主入口
L. 急救中心入口

1. 主要的电梯通道
2. 正在建造中的水庭院
3. 肾透析研究中心
4. 屋顶设备防护栏
5. 正在建造中的建筑东北立面
6. 东北立面
7. 东南立面
8. 入口层平面
9. 二层平面

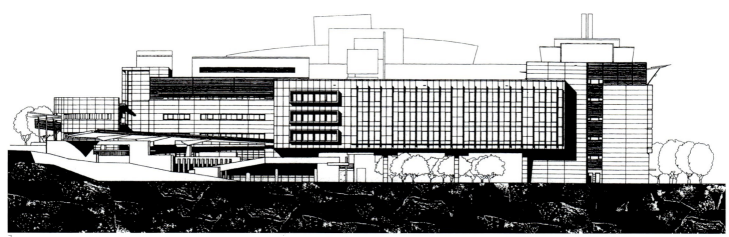

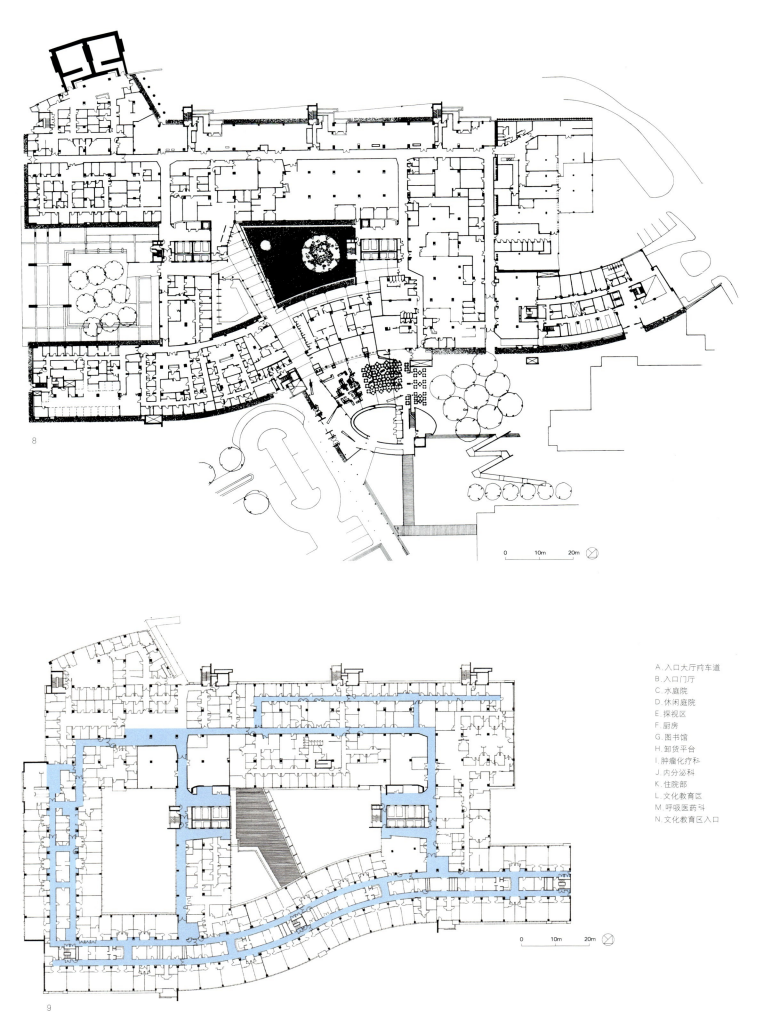

A.入口大厅前车道
B.入口门厅
C.水庭院
D.休闲庭院
E.探视区
F.厨房
G.图书馆
H.卸货平台
I.肿瘤化疗科
J.内分泌科
K.住院部
L.文化教育区
M.呼吸医药科
N.文化教育区入口

亚历山德拉公主医院，布里斯班 **213**

1. 中央能源站北立面
2. 东立面
3. 南立面
4. 屋顶平面
5. 废气排放通道
6、7. 从东北方向看的景象
8. 材料与形式的相互作用
9. 服务平台

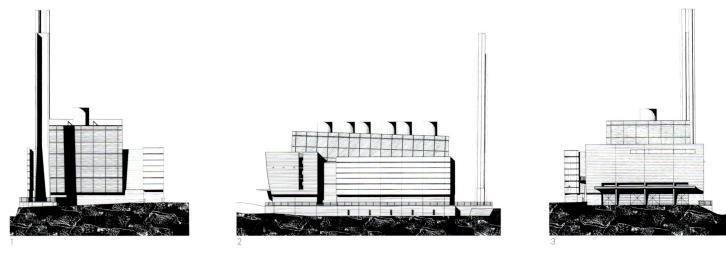
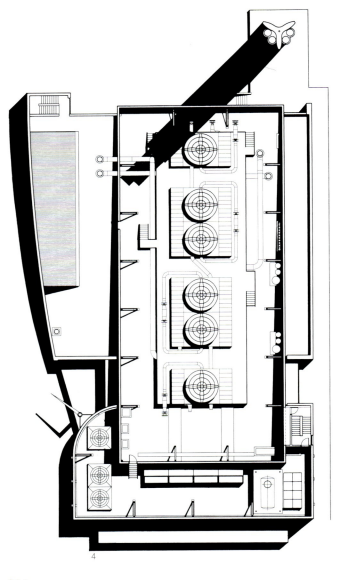

6

7

8

9

亚历山德拉公主医院，布里斯班　215

采矿与工业学院，巴拉腊特

利迪亚德街南侧，巴拉腊特，维多利亚
巴拉腊特大学，采矿与工业学院
3700m²
1996年9月竣工
彼得·戴维斯项目管理
SJWeir公司

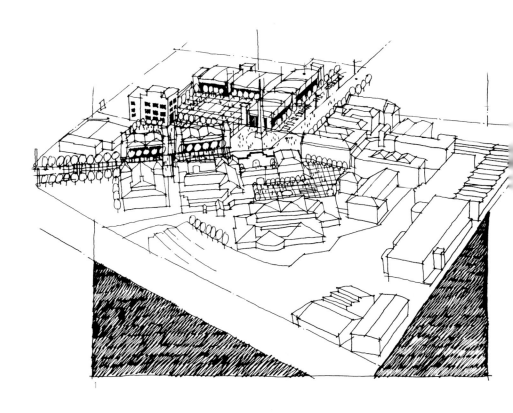

这个学院包括经济、健康、社会与公共研究和继续教育的教学与办公设施，还有一个120座的讲堂。

学院位于沿巴拉腊特悠久的利迪亚德街的一个保护区之中，与现有的采矿学院校园相对，采矿学院校园中有一个老的监狱、法院和艺术学院。建筑所处的地段原来是以"Ballarat Bertie"酒出名的巴拉腊特酿酒厂。地段内有很多重要的历史遗迹，这些构成了保护研究的基础，这些保护研究为新建筑的选址和特点的选择提供了指导。

规划布局包括由入口大厅连接的两翼。入口大厅为整个校园创造了一个新的中心前院。前院的位置与老酿酒厂的烟囱位置相吻合，这个烟囱强调了新的入口并在校园之中形成了中心标志物。为了避免对旧建筑的模仿，这两翼被处理成一系列的山墙面、塔、实体和开放空间，与周围的历史建筑交相呼应。

历史街道在排列方式上保持了原状，并被部分围合起来以延伸步行的区域，在延伸的过程中没有拆除原有的硫酸铜边角石和水道，没有影响原有监狱和地方官邸的街景。

在室内设计中，设计力图最大限度地增加学生与教员之间的交流，包括提供一些展览空间和创造楼层之间的视觉联系。这些空间都采用了被动式能源系统以遮挡太阳光的直射，并引入自然风，使得"借来"的光能穿透到建筑的底部空间。

1. 概念草图
2. 前院的概念草图
3. 内庭院

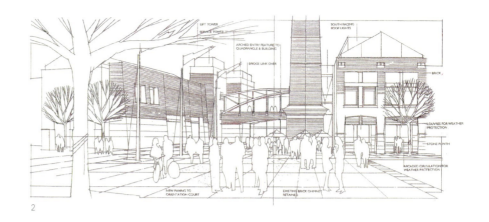

采矿与工业学院，巴拉腊特　217

1. 庭院立面
2. 前庭院立面
3. 内庭院
4. 入口前庭院
5. 交往联通空间的遮阳装置
6. 利迪亚德街悠久的柱廊
7. 一层平面
8. 内外关系的研究
9. 入口前庭院中酿酒厂的烟囱
10. 交往联通空间

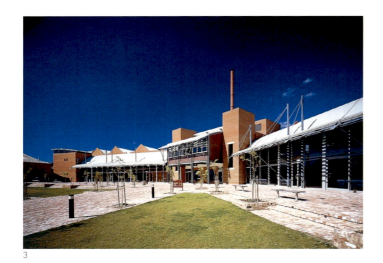

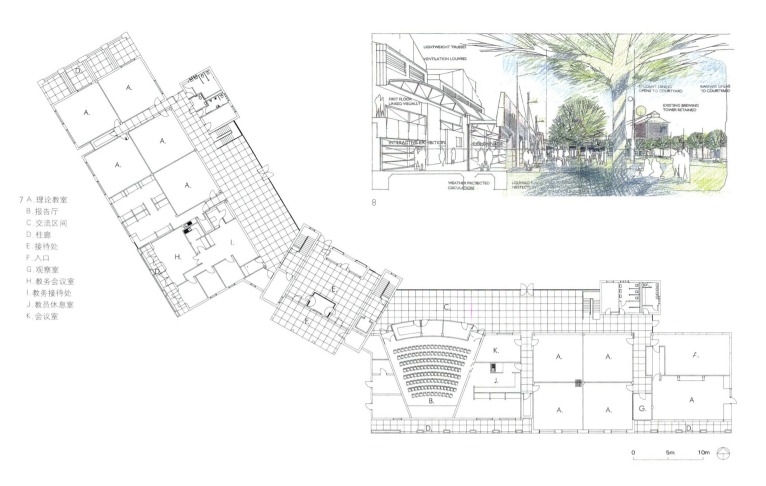

7 A. 理论教室
B. 报告厅
C. 交流区间
D. 柱廊
E. 接待处
F. 入口
G. 观察室
H. 教务会议室
I. 教务接待处
J. 教员休息室
K. 会议室

采矿与工业学院，巴拉腊特

亚拉腊特 TAFE，维多利亚

莱比街，亚拉腊特，维多利亚
TAFE
巴拉腊特大学
820m²
1998年4月竣工
彼得·戴维斯项目管理
H Troon 设计

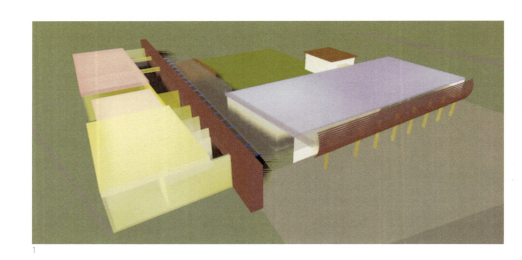

1

这个项目为TAFE提供了巴拉腊特大学的职业培训课程。它同时也被作为一个社区资源和二级与三级教育机构的共享资源。

建筑包括机构经济、电子计算机、文学和社会研究的教员和学生设施。这些课程包括远程学习技术、电化会议和以计算机为基础、灵活的学习设备。这些是使郊外的三级教育投资者具有竞争力的最基本条件。

建筑将外部社区、二级、三级学院连接起来，这些都在规划、建筑形式以及材料运用上得以体现。前院和交往空间形成一条穿越地段的轴线，延伸到街道，在建筑中形成了两个出入口。

外部显现出来的简洁的实体形式，与轻质的遮阳板和庭院的花格墙在对比之中达到平衡，同时给人一种庄严和近人的感觉。石头的基座和木头的帷幕以及镶板的墙面的设计，源自现有的校园建筑，并且重新组合，形成更富表现力的现代学习环境。

亚拉腊特TAFE项目和以后的阿贡拉(Agora)翻新设计，是教学建筑设计中新趋势的典范，它将更加广泛的社区与学院结合起来，以提高学习环境的文化与经济价值。

1. CAD 中的概念模型
2. 横向剖面研究
3. 入口处的遮阳板

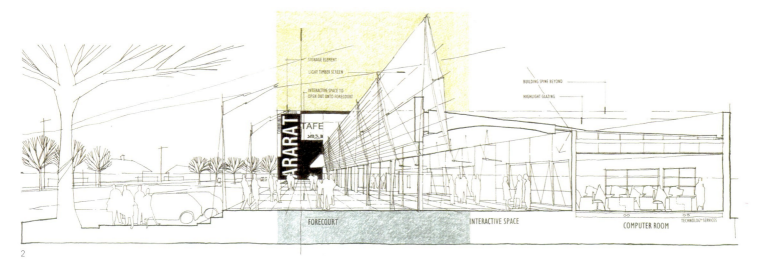

1. 一层平面
2. 概念草图
3. 教员办公区
4. 学生休息室的遮阳板
5. 多功能厅
6、7. 入口立面
8. 东西向剖面
9. 遮阳板细部

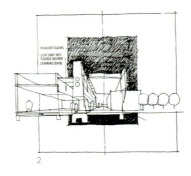

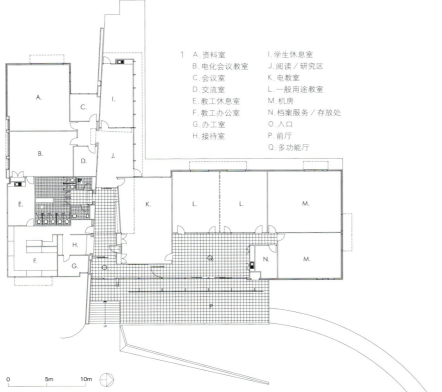

1　A. 资料室　　　I. 学生休息室
　　B. 电化会议教室　J. 阅读/研究区
　　C. 会议室　　　K. 电教室
　　D. 交流室　　　L. 一般用途教室
　　E. 教工休息室　M. 机房
　　F. 教工办公室　N. 档案服务/存放处
　　G. 办工室　　　O. 入口
　　H. 接待室　　　P. 前厅
　　　　　　　　　Q. 多功能厅

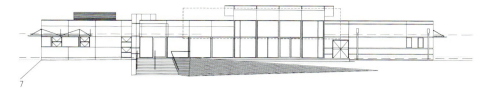
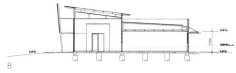

7
8

9

亚拉腊特 TAFE, 维多利亚

阿贡拉翻新，拉特罗布大学，班杜拉

拉特罗布大学，班杜拉，维多利亚
拉特罗布大学联合会
1600m²
1998年1月竣工
考克拉姆建造商

A. 庭院
B. 熟食店
C. 面包店
D. 露天餐厅
E. 工会
F. 学生会楼
G. 上层走廊
H. 娱乐厅

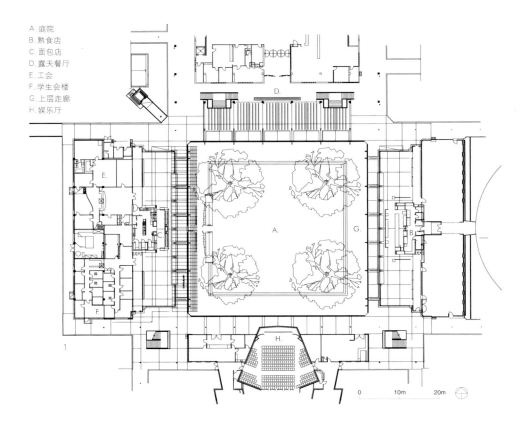

拉特罗布大学班杜拉校园的阿贡拉(Agora)建筑包括了大部分的学生休闲娱乐以及工会设施，也是校园的集会中心。

这个项目是对几条连接会场与中心图书馆及邻近系馆的高架和不舒适的步行道的改造，并强调现有的会场庭院。庭院的比例很美，由四个小广场组成，其边角由成年的法国梧桐加以限定。

设计包括新建饮食出口、室内外的就餐空间以及合并了的工会和学生代表委员会的办公室。将这些空间重新布局是为了提高环境的质量，并使空间尤其是上层空间更加活泼，然而结果是就餐区面东朝西，处于太阳光的直射之下。

通过往上翘的可以通风的透明玻璃门与电子百叶和凉棚的结合，解决了控制能源和创造个人安全感的问题。这些处理将新建餐厅和休闲空间融入到会场庭院的环境(生活)之中，并且展现了一个简单的观念，借助于光和材质的变化，将原来各种不同的功能统一起来，形成一个有凝聚力和令人轻松愉快的环境。

1. 总平面
2. 玻璃雨篷
3、4. 上层走廊
5. 新建楼梯和坡道

2

3

4

5

第一菲格特里驱动器公司大楼，悉尼

菲格特里驱动器公司，霍姆布什海湾，悉尼
新南威尔士
贷款发展及贷款项目
5700m²
1999年4月竣工
贷款项目

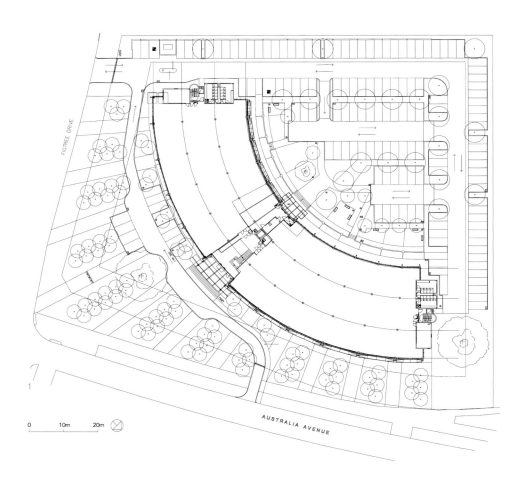

这栋办公楼坐落在悉尼奥运场地旁边的澳大利亚中心商务区中，由几家公司合租，设计的质量高于一般的办公楼开发项目。

办公楼的平面是曲线形的，优化了朝向东边悉尼双千年公园和中心商务区的景观。

建筑中心大厅与城市地平线相协调，在大厅中可以环视到楼内的各个租户，根据小气候的变化，大厅两边由计算机控制的窗户可以自动调节空气的流通。从办公室出来的气体进入大厅之中，与自然风结合，创造出宜人的环境。

在建筑轻巧的外立面上的遮阳百叶逐渐弯曲，达到了最佳的遮阳效果。朝西的玻璃幕墙上，百叶变成垂直的方向，窗台得以升高以最大限度地控制太阳光的进入。

外立面的钢柱支撑着遮阳百叶，以尽量减少对租户视线的遮挡。

建筑背面和内凹空间，为每个租户提供了风景优美的小庭园，租户可以经由建筑两端的服务中心进入庭园。

辐射形的平面与被动式能源控制相结合，为租户提供了灵活布局的优先权，为参观者和工作人员提供了丰富的休闲设施，并减少了运营和日常的开支。

1. 平面
2. 西立面
3. 东立面
4. 南立面
5. 北立面
6. 澳大利亚大道景观

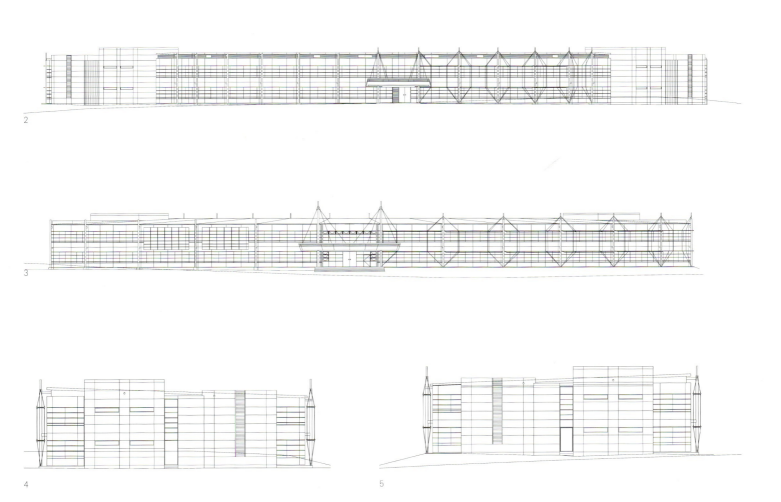

第一菲格特里驱动器公司大楼，悉尼

1. 电脑模拟
2. 次入口
3. 立面细部
4、5. 幕墙与遮阳板细部
6. 立面
7. 入口大厅的横向剖面
8~10. 门厅细部
11. 门厅和租户办公入口

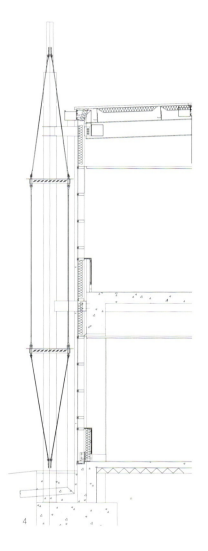

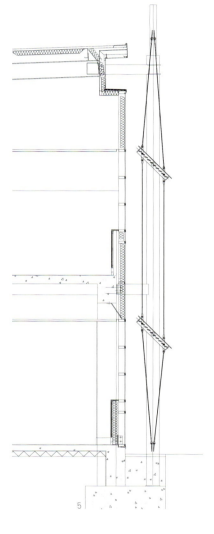

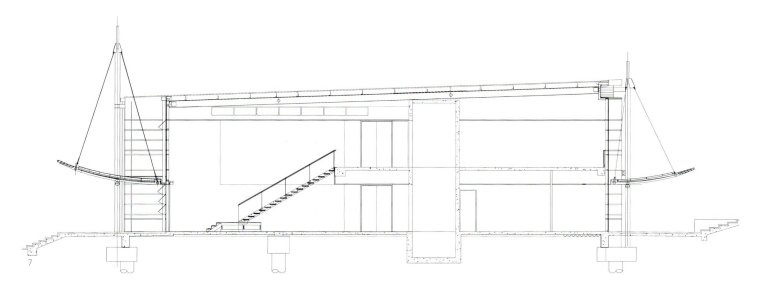

第一菲格特里驱动器公司大楼，悉尼

塞普里斯湖度假胜地，亨特谷

波科宾，亨特谷，新南威尔士
赛普里斯湖集团投资
140 公顷
2000 年 6 月竣工
塞普里斯湖集团
第一阶段：综合工程公司
第二、三阶段：JML 公司
第四~六阶段：SR Shafren 公司

度假村位于澳大利亚最主要的一个葡萄种植园中，是一个面积130公顷的地产的主要组成部分，这块地产包括了宜人的郊外山坡、山谷、湖泊以及高尔夫球场。

已经完工的部分包括一个中心亭子、游泳池和150幢可以俯瞰高尔夫球场和远处葡萄园的别墅。中心建筑被分散成一些拉长的亭子，在湖畔形成一个由简单明快形式的建筑组成的小村落，反映了亨特山谷区的风土人情。

主体建筑容纳了一个会议中心、健身俱乐部和环绕度假村拉贡游泳池的户外休闲与餐饮设施。室内由大块回收的硬木装饰，这些硬木是从19世纪建成的悉尼羊毛厂中回收来的。这样的处理方式与我们在1964年为C·B·亚历山大农学院(也位于亨特山谷)做的第一个主要项目相似，那个项目设计时用的木材来源于当地，用来作扶壁、尖顶和桁架。

住宅区的设计强化了这种处理方式，形成由绿化地带分隔的村落，给人一种山村小镇的感觉。别墅的最终选址直到开工之前才定下来，每个住宅群落与山脉的走势和小气候相适应以获得理想的朝向和景观，并尽量保留原有的树木。

度假村的设计延续了设计的传统，即重新理解当地的乡土建筑以引入区域特征，这种传统在序言中已经介绍了（参见第10-29页）。它体现了景观与建筑的统一和可随意扩展的乡土建筑——最终的布局不仅与环境相协调，而且也能满足未来发展的需要。

1. 概念草图
2. 总平面
3. 中心建筑的北面景观

A. 度假村/俱乐部，接待室，会员休息室餐厅和啤酒屋，商店健身中心
B. 游泳池，温泉和浴室
C. 网球场
D. 高尔夫球俱乐部坡道
E. 停车场
F. 行政办公楼
G. 湖
H. 度假村商店
I. 别墅游泳池
J. Critters 俱乐部
K. 拉贡游泳池/浴室
L. 会议中心
M. 金门度假村
N. 度假村辅助设施
O. 客人休息厅
P. 第六期别墅

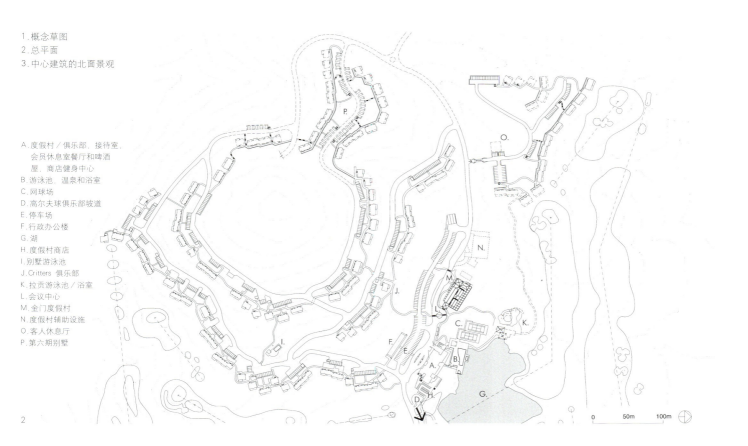

塞普里斯湖度假胜地，亨特谷 **231**

科尔特斯特里姆山葡萄酒厂，亚拉山谷

马登路，科尔特斯特里姆，维多利亚
南方葡萄酒公司
500m²
1999年3月竣工
商业建设公司

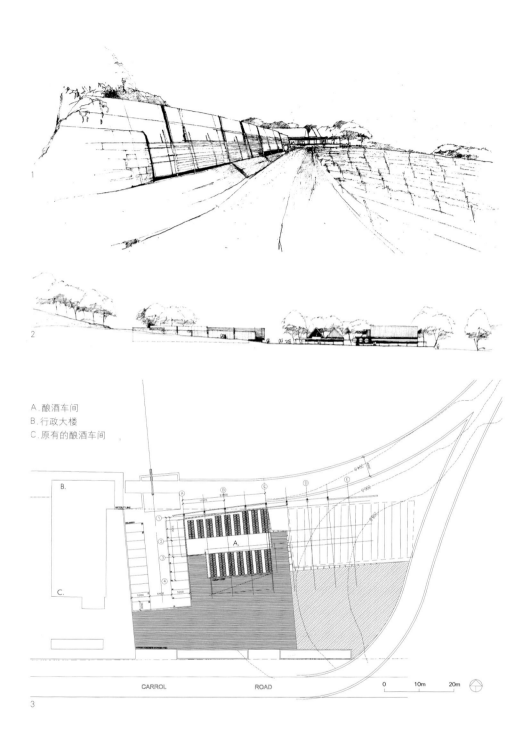

A. 酿酒车间
B. 行政大楼
C. 原有的酿酒车间

科尔特斯特里姆山葡萄酒厂在维多利亚亚拉山谷中，1985年由詹姆斯·哈利迪（James Halliday）开发，现在是南方葡萄酒公司的一部分。

设计的目的为了升级原有设备以提高红酒的产量。这些设备包括一个新的车间装供酒发酵的桶、新的道路、翻新酒窖的大门以及对周围环境的设计。

新的酿酒车间坐落在葡萄园半圆形剧场南面突出的角部，并与地形结合以保证温度的稳定，并与生产设备在层次上相联系。车间包括两个元素——一个是台阶状的屋顶通风控制设施，二是厚的遮阳板以减少热负荷。

建筑设计通过隐喻的手法表达了设计的意图，并反映出酿酒的独特形象特征。

1. 西面透视草图
2. 北立面草图
3. 总平面
4. 北立面
5. 设计剖面
6. 东面景色

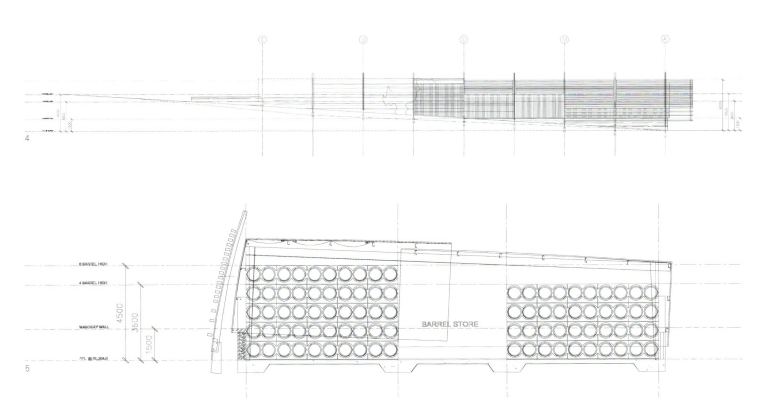

科尔特斯特里姆山葡萄酒厂,亚拉山谷

剑桥镇市民中心

Bold 公园快速路,弗洛里厄特,西澳大利亚
剑桥镇
2450m²
1996 年 6 月竣工
珀斯市
基尔卡伦和克拉克合作设计

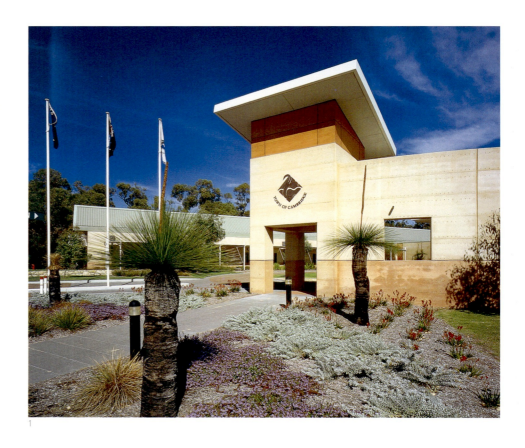
1

剑桥镇是一个市民中心,设计的目的是为加强社区荣誉感和社区的统一。它包含了市政府和行政办公室、会议室和市民议会的常见组合,但它却是与产生社区精神的背景相联系的结果。

选择的地段是一个自然形成的半圆形场地,地段周围的环境为它形成了背景和壮丽的前景,限定前院的弧线墙和一系列家庭尺度的山形屋顶下的室内空间,强化了这些特征。前院充当了新的市镇广场,在它的旁边是政府办公室、镇长办公室、市民议会和会议室等场所。

用坚固的泥土砌筑石头墙面和由一层层当地的岩石构筑的花园墙面,以及插入的抛光木头板材,加强了景观的统一性。墙面上的开口加强了观景时的效果并保持了各功能区域之间的视觉联系。裸露的东西朝向的土墙里加入了保温材料,朝北的墙上则用轻质的遮阳板保护起来。

布局简洁的村落嵌入山坡之中,这种印象证明了材料使用和环境技术并不复杂。这个项目可以看作未来市政建筑的先驱,它在使用坚固的泥土和当地的砌石技术方面尤为值得称道,因为这些具有永恒的特点,而表面肌理也在随着时间而变化。

1. 入口平台
2. 卵石墙上带遮阳板的山墙面
3. 内部庭院

2

3

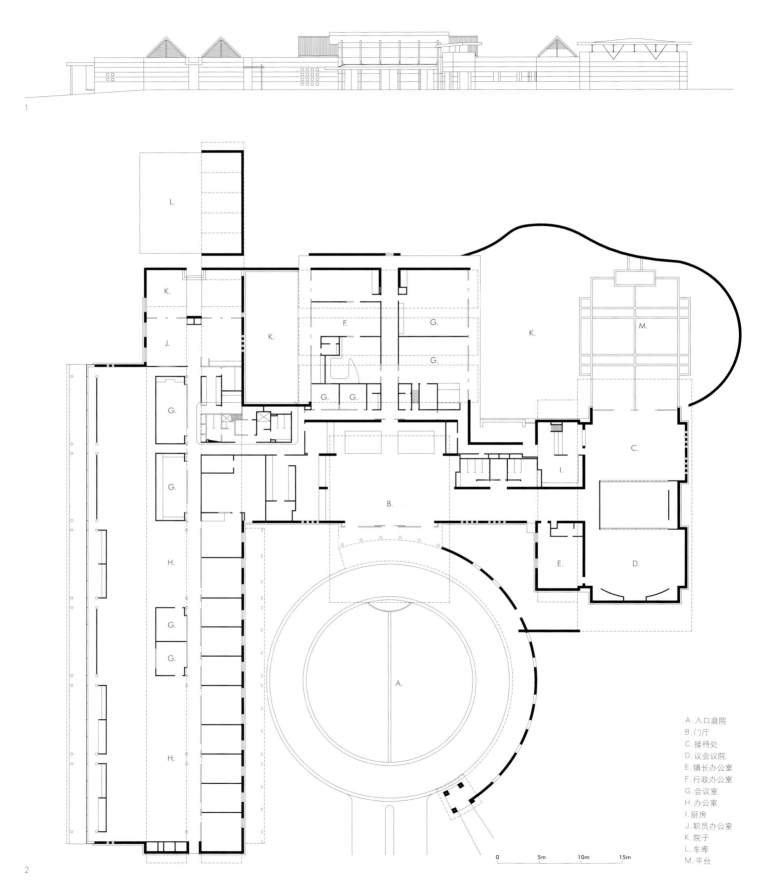

A. 入口庭院
B. 门厅
C. 接待处
D. 议会议院
E. 镇长办公室
F. 行政办公室
G. 会议室
H. 办公室
I. 厨房
J. 职员办公室
K. 院子
L. 车库
M. 平台

1. 北立面
2. 总平面
3. 后庭院
4. 弧形的花格墙
5. 会议室
6. 办公环境
7. 日光穿透坚固的土墙
8. 车辆通道

3

4

5

6

7

8

剑桥镇市民中心 237

斯旺酿酒厂再开发，珀斯

Mounts 海湾路，珀斯，西澳大利亚
布吕格特·诺米尼斯投资
12000m²
2000年9月竣工
综合工程公司
与达里尔·韦及其合伙人事务所

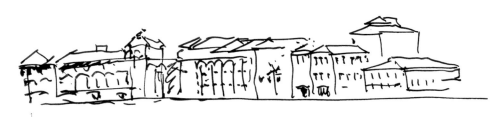

老的斯旺酿酒厂是珀斯河畔最重要的历史建筑。它建于1879年，面积与用途改变了很多次以后，于20世纪80年代关闭。这座房子曾被用作过殖民时代的造船厂、看守监狱的士兵营房、珀斯最早的当地学校以及早期用于磨面粉和锯木材的蒸汽动力机房。尽管随着时间的推移增加了不同的建筑风格，但这组建筑组合在一起有很强的整体感，其间庭院的尺度和特点都与公共用途相匹配。

设计将原有建筑转变成临水的餐厅、住宅以及办公室，这一处理方式尽量减少了对原有建筑的干扰，虽然加建了一栋新建筑，但其设计简洁、比例适宜、朴素，与整个建筑群融为一体。在建筑的上层设计了桥来连接各个办公室，为租赁者提供了连续的空间；桥体现出工业技术的美，这种美是现代意义的美，但却能与不同的建筑协调。

设计对具有装饰效果的砖立面、开窗的方式、瓦屋顶以及室内进行了改造，为建筑注入了新的生命。历史元素被保留下来，作为对过去用途的纪念，同时起到雕塑的效果。改造还包括一些重要的加固性重建，尤其是对沿街地段的立面和东边的塔的重建。

斯旺酿酒厂的再开发沿续了我们实践中一直遵循的传统，即对历史建筑进行改造和适应性的再利用，这些实践工程包括诺福克(Norfolk)岛的夸利提(Quality)街、悉尼的老最高法院等，以及其他一些近期在悉尼、墨尔本、布里斯班和凯恩斯进行的水滨改造项目。

在这种改造设计工作中获得的最大愉悦和满足，来源于探索整个建筑的潜能，将它看作是历史的范畴，而不仅仅是单一的建筑，揭示出了时间层段对文化的重要性，这样新的时间段才能恰当地与原有的时间层段结合起来。

1.研究草图
2.从国王公园看的景象
3.从斯旺河看的景象

斯旺酿酒厂再开发．珀斯

1. 北立面
2. 东立面
3. 西立面
4. 南立面
5. 西北角
6. 改造后的立面细部

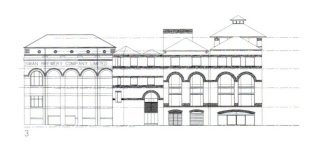

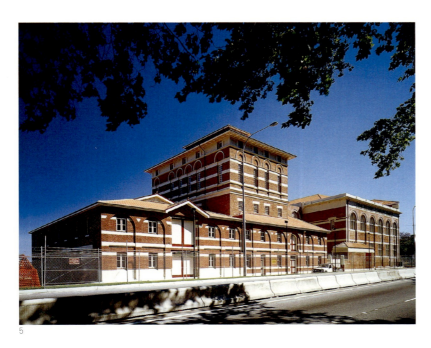

1-3. 改造后的立面细部
4. 总平面

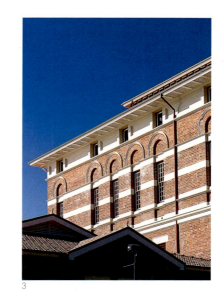

A. 体育馆
B. 游泳池
C. 走廊
D. 咖啡店
E. 电梯间
F. 餐厅／商业区
G. 室外餐厅
H. 散步场所
I. 花园
J. 花园游泳区
K. 服务区
L. 公共走廊
M. 大厅

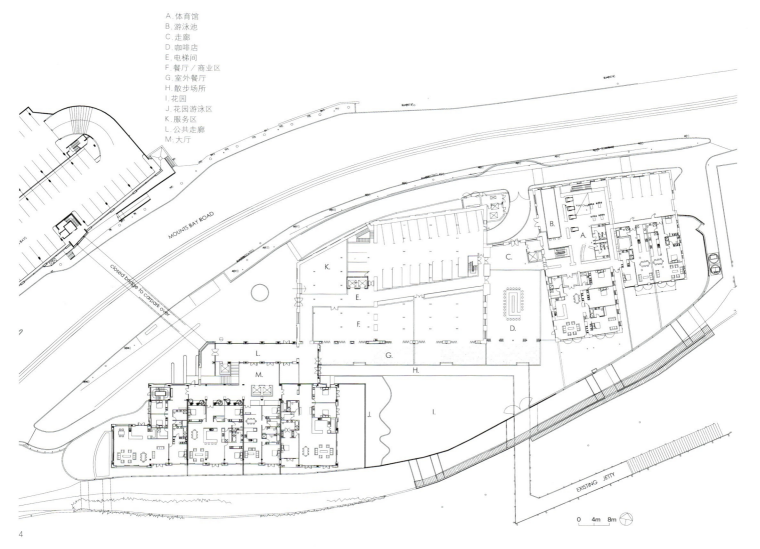

斯旺酿酒厂再开发，珀斯 241

韦甘尼法院综合体，莫尔兹比港

独立快速路，韦甘尼首都区，莫尔兹比港，
巴布亚新几内亚
巴布亚新几内亚司法部
36000m²
与Frameworks事务所合作设计

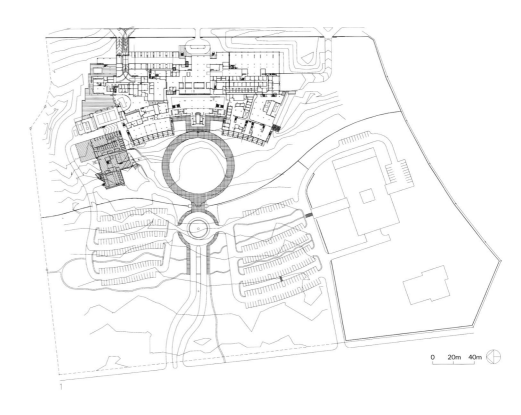

新设计的韦甘尼法院综合体将成为巴布亚新几内亚国家司法体系的核心。建筑在布局上是一系列线性的空间排列，与国家首都区的中轴线相呼应，表现出一种与旁边的重要建筑——独立山、国会大厦、国家图书馆和现存的国家法院——一致的象征性建筑处理方式。

法院包括法庭，庄重的最高法院辅助设施，国家级、区域级、地方级以及辩论法庭总共32个，还可以增加到41个。其他设施包括法官和地方法官办公室、审判员办公室和图书馆、公众起诉和请愿场所等。

建筑形式沿袭了传统风格，尽管不是那么严格，因为在巴布亚新几内亚各省之间存在着文化上的差异。通过与周围环境相结合，建筑被分散成一系列相互联系的、由轻质结构和材料组成的亭子，呈现出近人的特点。

平面上一个直线型的布置与一个曲线型的布置相邻，这样建筑的两端向庭院敞开，成为休息空间。门厅、公共画廊和庄重的最高法院的依次排列，形成一条中轴线；公共画廊居中，还能向外望见庭院。

弯曲而且倾斜的屋面板的处理反映出传统形式的特点，并且优化了建筑环境。水池从室外延伸到室内的公共空间，起到降低噪声和降温的作用。

室内主要的公共流通空间上面覆盖着折叠的雨篷，以促进自然通风和将外界光线反射到建筑中心。中央较高的折叠的屋顶，是通过平的与圆锥形的表面相交而构建出来的。纵向空间连续地从最高处倾斜直到建筑下部的开口，创造出一个沿中轴线的像山脊一样的视景，这种处理方式的结果是使建筑的边缘尺度变小，这样使得邻近的1975年建的国会大厦仍能保持在区域中的主导地位。

1. 总平面
2. 国家首都区的概念草图
3. 国家首都区中的建筑选址
4. 庄严的最高法院，室内
5. 庭院透视

韦甘尼法院综合体，莫尔兹比港

1. 登记大厅室内
2. 到达时的景观
3、4. 对当地建筑的研究
5. 文化象征的研究
6. 独立大街立面 1:900
7. 庄严的最高法院剖面
8. 东西剖面
9. 一层平面 1:600

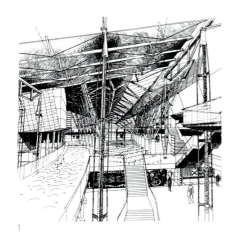

墨尔本码头区总体规划

墨尔本码头区,维多利亚
亚拉城有限公司
220 公顷
1998 年完成规划

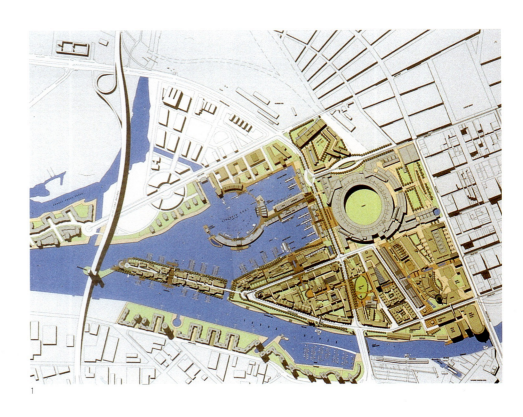

在过去几十年中已经对墨尔本的码头区作了好几次总体规划,这个规划覆盖了 220 公顷的土地和港口,边界为 7 公里长。

我们规划的基本想法是:创造一个独立的"城中之城",这个"城中之城"包括围绕在维多利亚港周围的一系列临水的居住、工作、学习以及娱乐区域。海港被重新规划成一系列小的港湾,创造出比现在的港湾更加近人的临水空间。其中一个空间形成了连接东部陆地和港口的圆形盆地,这个盆地与城市边缘规划的体育场建立了几何上的联系。

规划的最主要元素是要保留 400m 长的维多利亚铁路建筑,并将它适应性的再使用,转变成灵活的工作环境,这种工作环境提供了有艺术表现力的信息和通讯技术。这座建筑形成了延伸穿过码头区南北轴线的一个边界,另一座建筑由平行的购物庭院的水坊组成。然而正是历史元素的适应性,营造了中心区浑然天成的感觉。

随着基础设施稳定性的改变,开发的潜力从现存的城市边缘转移到水边,并沿着海角逐渐延伸。在这个综合的尺度之下,建筑在高度和表现形式上的巨大变化是意料之中的事情。建筑的灵活性使得建筑可以适应市场上对居住和办公环境不断变化的需求。

通过建筑朝向、被动式能源系统、建筑深度的减小以增加日光和自然通风、建筑立面的太阳能处理以及严格的建筑管理系统,这些有助于培育人们对环境可持续开发的理念。

1. 总平面
2. 中心商务区周围的环境
3. 维多利亚港邻水步行道
4. 总平面模型

墨尔本码头区总体规划　247

海洋广场总平面，新加坡

Telok Blangah路，新加坡
新加坡港务局
主体部分 20 公顷
1998 年完成规划

海洋广场是新加坡岛与圣陶沙(Sentosa)岛相对的一块20公顷的滨海土地，它包括世界贸易中心，国际客运码头和正在被拆除的展览设施。这个规划方案是在一个重大的国际竞标中中标的，以后也将成为新加坡滨水生活的中心。

我们的基本理念是要创造一个真正意义上的海洋广场，作为其他所有与之相连的设施的中心和组织空间。广场被设计成一个拉长的椭圆形，以界定出一条主轴线，这条主轴线沿着对角线延伸，穿过现有的世界贸易中心，在新的国际客运码头结束。另一个终点由地段中惟一一个重要的历史建筑形成，这个历史建筑是一个精致的石头仓库，将被改造成新加坡的海洋博物馆。

在这个规划的同时，我们提出了一个范围更大的规划，其中海洋广场再开发是它多功能化的核心。在海洋广场上面是经过规划的西边的住宅区，住宅区围绕着现存的港口，从法柏(Faber)山上新加坡最高的瞭望塔辐射出来。这个点将被作为整个规划的组织要素，一个新的无线电控制的运动走廊将穿越过整个规划区。在码头住宅区上面是一个现存的高尔夫球场，这个高尔夫球场将被改造，以容纳更多的住宅，为其他开发项目提供经济上的帮助，使其他开发项目能自给自足。古老仓库的东边是一个整齐划一的科技园区，为跨国公司提供有凝聚力的研究环境。海洋广场中轴线在设计中将穿过所有与轻轨相连的外围地段，到达规划区的核心。

除了建设新的海洋广场以外，第二个主要的组织策略是将地面抬高，以使所有的交通、停车和商品服务活动与上层分开。这一组织使整个新的一层成为步行区，同时也避免了封闭设施(如剧场和影院)的空白界面。

在规划的第二个阶段，水滨经过重新塑造成为一个由两层的国际海鲜餐厅围绕的新的海港，可以沿着水边的步行道，或从广场下楼梯或坡道，到达原来第一层的底层。

现存的两个展览厅在规划的第一个阶段被保留下来，并且被改造成四周环绕着零售和餐饮空间的戏剧空间。在规划的第二阶段，由这两个展览厅限定出来的横向轴线经过排列，向心地连接着广场与新的船码头。

在规划的第三阶段，广场靠陆地一侧被设计成包括多层零售、旅馆、办公和娱乐场所的综合体，综合体与新建的一个连接水滨与中心商务区的地下快速铁路连接。这个火车站也沿着横向的轴线排列，以提高人们对再开发项目的理解。这个综合体被构思成一系列水晶颗粒，为前面的高速公路形成一道具有雕塑感的边界，渲染了晚上从此经过时的气氛，并为娱乐与零售出口的内部变更提供了灵活性。这些分散的形式明显地暗示了海洋的形成——波光粼粼的水面，颠簸的船体，拉长的帆布——将陆地边界与滨水地区连接起来。

1.竞标方案立面
2.竞标方案横向剖面
3.各个竞标阶段的总体平面，右侧是海洋广场

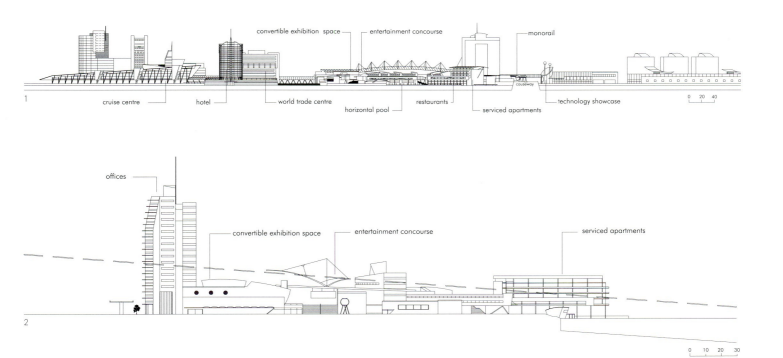

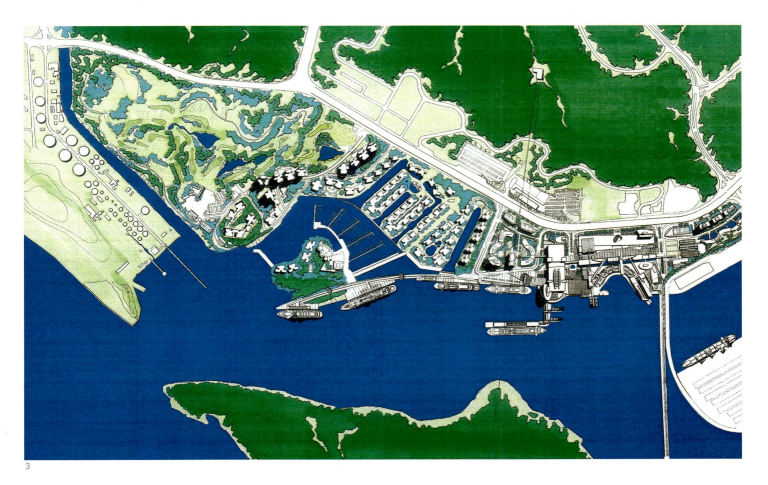

1. 海洋广场与相邻地区的模型
2. 客运码头模型
3. 模型的西面景观
4. 客运码头概念
5. 广场的概念
6. 海洋广场总平面（包括各个竞标阶段）

1

2

3

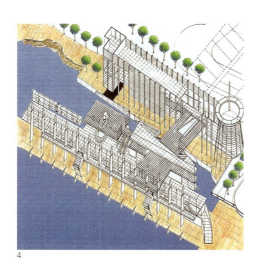
4

5

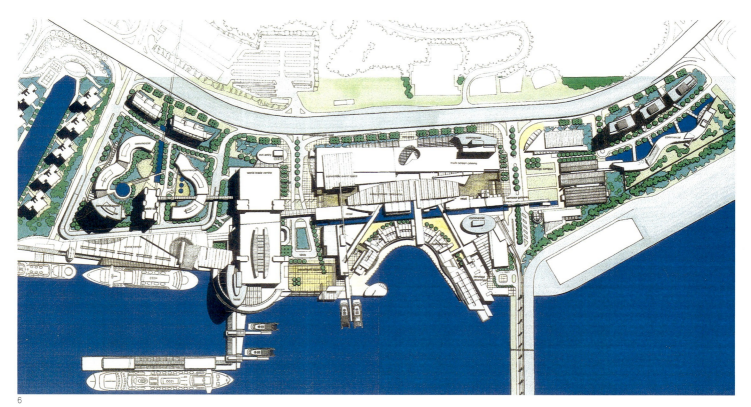
6

1-4. 不同地区特点的草图
5-8. 海洋广场模型，在规划的第三阶段修改，雨篷可以调节

1

5

6

2

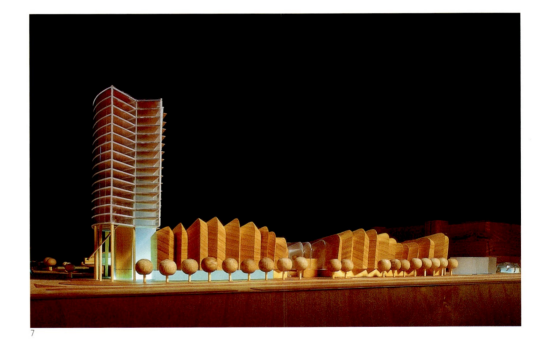
7

3

8

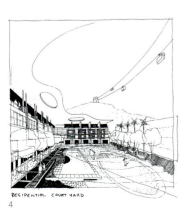
4

海洋广场总平面，新加坡

事务所简介
FIRM PROFILE

	校园和教育设施	住 宅	修复和改造	度假旅馆	体育娱乐设施
1963-73	圣安得鲁湾住宅，莱平顿，新南威尔士(NSW) CB亚历山大学院，亨特湾，新南威尔士 大学生俱乐部大楼，Macquarie大学，新南威尔士	弗格森一号楼，棕榈海滩，新南威尔士 弗格森二号楼，基拉尼高地，新南威尔士 胡纳住宅，凯利维尔，新南威尔士	金斯敦刑事居民地，诺福克岛 卡得曼别墅，悉尼，新南威尔士*	莱平顿旅馆，新南威尔士	
1974			Burrundullah地产，Mudgee，新南威尔士*		
1975	特殊教育中心，Macquarie大学，赖德，新南威尔士	爱尔兰大使馆，堪培拉，澳大利亚首都特区	法里港(Port Fairy)保护，VIC*		
1976					
1977			老最高法院修复，悉尼，新南威尔士		国家体育场，澳大利亚首都特区
1978	Narooma中学，新南威尔士	Jerilderie法院住宅，澳大利亚首都特区	政府住宅总平面，澳大利亚首都特区		
1979	霍克伯里农学院，新南威尔士	福布斯街住宅，乌卢姆卢，新南威尔士	海军部和克里比里住宅总平面，悉尼，新南威尔士		
1980	Barker学院总平面，新南威尔士				
1981		布鲁厄姆街住宅，乌卢姆卢，新南威尔士			国家室内运动训练中心，澳大利亚首都特区
1982					国家体操设施，澳大利亚首都特区
1983	海马克特理工大学，悉尼，新南威尔士		花园岛重建，悉尼，新南威尔士		
1984		阿盖尔街住宅，悉尼，新南威尔士		尤拉拉度假村，乌卢卢，中立区	
1985		海湾街住宅，格里布，新南威尔士			
1986	Barker学院设计中心，新南威尔士		Calthorpe住宅，堪培拉，澳大利亚首都特区	堪培拉皇家公园，澳大利亚首都特区	帕拉马塔足球场，新南威尔士
1987		伊拉瓦拉路住宅，悉尼，新南威尔士 金色树林住宅，悉尼，新南威尔士			墨尔本公园，VIC*
1988	海勒布雷大学礼堂，VIC 麦卡什尔校园，西悉尼大学，新南威尔士	图拉克城市住宅，VIC Launching Place农村住宅，VIC 布鲁姆街住宅，Cottesloe，西澳大利亚 Cardy住宅，Coogee，新南威尔士			悉尼足球场，新南威尔士
1989	莱德福德学院，澳大利亚首都直辖区(CACT)	Cox海洋住宅，棕榈沙滩，新南威尔士 Egan街住宅，墨尔本，VIC 爱斯普林住宅，棕榈沙滩，新南威尔士	肯特街1号，悉尼，新南威尔士	米尔顿公园乡村旅馆，新南威尔士	
1990		卡梅伦河湾，巴尔曼，新南威尔士		天文台旅馆，悉尼，新南威尔士	

商 业	基础设施和技术设施	健康设施	城市规划与设计	公共和文化设施
		Kambah 健康中心，澳大利亚首都特区		Akuna 湾码头，Kuringai，新南威尔士
			摩那多城市中心总平面，阿德莱德，南澳大利亚州*	
			伍卢姆卢总平面，悉尼，新南威尔士	
				家庭和澳大利亚首都特区青少年球场，澳大利亚首都特区
	东珀斯基础设施修复，花园岛，新南威尔士			
独立学校国家委员会总部 Deakin，澳大利亚首都特区 国家心脏基金会总部，澳大利亚首都特区 持久建筑协会总部，堪培拉，澳大利亚首都特区 CNCC 政府办公楼，堪培拉，澳大利亚首都特区 太平洋高速路一号，北悉尼区，新南威尔士	Woollongong 污水处理厂，Woollongong，新南威尔士	Belconnen 每日健康中心，堪培拉，澳大利亚首都特区 Teluk Intan 综合医院，佩拉克，马来西亚*	堪培拉国家会议中心，Precinct，澳大利亚首都特区 Cronulla 市场，新南威尔士	Goulburn 市民中心，新南威尔士 澳大利亚首都特区 88 期表演场地，澳大利亚首都特区
维多利亚十字型地，悉尼，新南威尔士			悉尼中心商务区南部总平面，悉尼，新南威尔士	悉尼展览中心，新萨威尔士 意大利威尼斯双年展，澳大利亚展馆，意大利
肯特街1号，悉尼，新南威尔士 Cornerston，悉尼，新南威尔士			科威特珍珠海城市群，科威特 珀斯东区总平面，西澳大利亚州	悉尼水族馆，达令港，新南威尔士 Dame Joan SutherLand艺术中心，彭里斯，新南威尔士

精选工程年表

	校园和教育设施	住 宅	修复和改造	度假旅馆	体育娱乐设施
1991	高等制造技术中心，珀斯，西澳大利亚州	威尔逊城市住宅，克佑区，VIC 渥克街住宅，滑铁卢，新南威尔士			
1992	西澳大利亚技术学校，技术公园，本特利，西澳大利亚北区大学图书馆，达尔文，NT	哈珀街住宅，诺斯科特，VIC		Joondalup 乡村俱乐部，西澳大利亚州	
1993	新技术大楼，柯廷大学，珀斯，西澳大利亚州 堪培拉语法学校，澳大利亚首都直辖区	格里芬住宅，海港，VIC 古德里奇街住宅，珀斯，西澳大利亚州	Tocal地产，亨特峡谷，新南威尔士	堪培拉娱乐场，城市，澳大利亚首都直辖区 Laguna 码头，Whitsunday 度假胜地，QLD	悉尼国际运动中心，新南威尔士*
1994	麦夸利尔管理研究生院，1-4期，悉尼，新南威尔士设计、建筑行政办公楼，悉尼科技大学，新南威尔士	Moverley 绿色住宅，兰德威克，新南威尔士	Kurrajong 旅馆，堪培拉，澳大利亚直辖区	Kurrajong 旅馆，堪培拉，澳大利亚直辖区	悉尼国际水上中心，新南威尔士* Joondalup 体育综合体，西澳大利亚州
1995	OTEN总部，斯特斯菲尔德，新南威尔士 皮尔TAFE，西澳大利亚州	Fairway Ridge 住宅，达尔文，中立区 天津住宅，中国			Wanneroo运动中心，珀斯，西澳大利亚州
1996	海勒布雷初中，贝里克，VIC Ourimbah 教育区，中部海岸，新南威尔士 卡姆中心，拉特卢普大学，VIC	Barker街住宅，新南威尔士大学，悉尼，新南威尔士	矿业学院，巴拉腊特，VIC	星城娱乐场和旅馆，悉尼，新南威尔士*	澳大利亚皇家展览馆，悉尼，新南威尔士*
1997	语言中心，拉特卢普大学，VIC Murdoch大学，Rockingham，西澳大利亚州 斯塔威尔TAFE，VIC	教堂街住宅，布里斯班，QLD*	老矿区住宅，布里斯班，QLD		
1998	拉特卢普大学会场，VIC General Purpose South，QLD 大学 阿拉拉特TAFE，VIC		天鹅酿酒厂再开发，西澳大利亚州*	塞普里斯湖高尔夫度假村，新南威尔士	亚运会主场馆，水上中心，泰国曼谷
1999	豪斯姆TAFE，VIC 昆士兰理工大学学生活动中心，Carseldine，QLD	金街码头改造，达令港，新南威尔士	布伦斯威克街381号，布里斯班，QLD		
2000	生物科学学院，悉尼大学新南威尔士 巴拉腊特第二学院，VIC	Stuart街道住宅，布伦斯威克，VIC 鲁宾逊住宅，圣卢西亚，QLD	Empire & bushells 仓库，布里斯班，QLD		悉尼大穹顶，悉尼，新南威尔士 MCG总体规划，墨尔本，VIC* SCG总体规划，悉尼，新南威尔士 深圳水上中心，中国

商 业	基础设施和技术设施	健康设施	城市规划与设计	公共和文化设施
珀斯中心公园，西澳大利亚	桑伯水处理厂，VIC		Laguna 码头娱乐设施，Whitsunday(降灵节)，QLD	澳大利亚国家海洋博物馆，达令港，新南威尔士
里奥廷托研究与发展设施拉特鲁普大学，VIC	Joondalup火车站，西澳大利亚 斯特林火车站，西澳大利亚 Glendalough 火车站，西澳大利亚		苏迪曼中心商业区，雅加达，印度尼西亚 Woodwark 海滨胜地，降灵节胜地，QLD	
金矛大厦，天津，中国	丹德农火车站，VIC		皮尔蒙特城市更新，悉尼，新南威尔士 悉尼奥林匹克村，新南威尔士* Precincts奥林区克体育场，悉尼，NSW*	
吉隆坡独立广场，马来西亚		星期四岛医院，星期四岛，QLD*	布里斯班城市规划，QLD 珀斯剑桥镇中心，西澳大利亚	布里斯班会展中心，QLD*
Parmelia 住宅，珀斯，西澳大利亚州			维多利亚花园，泽得兰，新南威尔士	凯恩斯会议中心，QLD
皮尔蒙特星城，新南威尔士 墨尔本 Sportsgirl 商店，VIC			奥林匹克村总体规划，新南威尔士*	Hackett Hall博物馆加建，珀斯，西澳大利亚 金街艺术中心，珀斯，西澳大利亚
捷斯中心，布里斯班，QLD 捷斯 Fitout，墨尔本，VIC FHA 总部，墨尔本，VIC	悉尼街道设施，新南威尔士 RMIT Wind Tunnel，墨尔本，VIC		墨尔本道克兰区规划，VIC Gateway 岛阿尔伯里，新南威尔士	尤利卡Stockade翻译中心，巴拉腊特，VIC 巴布亚新几内亚韦甘尼法院 悉尼班杜拉舞蹈剧院，新南威尔士
Figtree1 号驱动器办公楼，霍姆布什湾，新南威尔士 全球太平洋fitout，墨尔本，VIC 澳大利亚广播公司总站，悉尼，新南威尔士 莫纳什住宅，墨尔本，VIC 詹姆士·哈迪尔商业区，Newstead, QLD 霍姆布什湾2号方院，新南威尔士	Coldstream 山酿酒厂，VIC 布里斯班南岸步行桥，布里斯班，QLD	墨尔本医疗中心，VIC 亚历山德拉公主医院，布里斯班，QLD* 洛根山医院，布里斯班，QLD*	新加坡海洋广场 凯恩斯城市港口，QLD 弗里门特规划，西澳大利亚	新加坡博览会，新加坡 Warburton 信息中心，VIC 昆士兰热带博物馆，汤斯维尔，QLD* 国家酒文化中心，阿德莱德，南澳大利亚 西澳大利亚海洋博物馆，西澳大利亚 皇家现代艺术中心，布里斯班，QLD

精选工程年表

COX 事务所

珀斯办公室

墨尔本办公室

布里斯班办公室

悉尼办公室

珀斯办公室

悉尼办公楼

墨尔本办公室

布里斯班办公楼

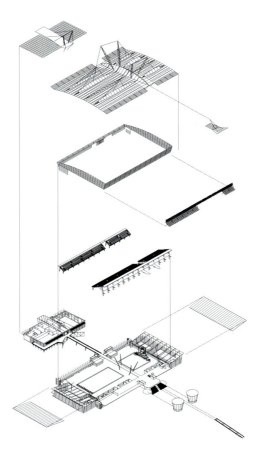
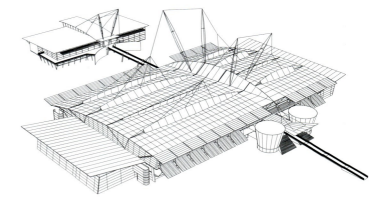

获奖作品 1989~2000 年

2000 年
BHP 建筑奖
凯恩斯会议中心
RAIA 布里斯班奖
捷斯中心
北湖销售和信息中心
RAIA Oribin 区域奖
凯恩斯会议中心
RAIA Turnbridge 地区奖
昆士兰热带博物馆

1999 年
RAIA 回收利用奖 QLD(提名)
布伦瑞克街381号，布里斯班，QLD
西澳大利亚 RAIA 回收利用奖 QLD(提名)
西澳大利亚州珀斯金街艺术中心
西澳大利亚 RAIA 建筑金奖
西澳大利亚州高级制造技术中心
西澳大利亚 RAIA 城市建筑艺术奖
西澳大利亚珀斯 Hackett 厅
西澳大利亚 RAIA 国家荣誉奖
西澳大利亚珀斯 Hackett 厅
RAIA 国家荣誉奖
VIC 拉特鲁普大学会堂改造
RAIA 公共设施荣誉奖
西澳大利亚默多克社区图书馆
新加坡/澳大利亚商业委员会奖
马来西亚新加坡博览会
邦克西木环境奖
新南威尔士悉尼大穹顶
国际奥委会/AKS 金奖
新南威尔士悉尼国际水上中心

1998 年
RAIA 回收利用奖 QLD(提名)
布里斯班老矿区住宅，QLD
RAIA 未建成项目奖 QLD(提名)
QLD 布里斯班城市中心总体规划
西澳大利亚 RAIA 建筑保护奖
西澳大利亚珀斯老荷尔学校
西澳大利亚 BHP 钢结构设计奖
西澳大利亚 Wanneroo 篮球中心
西澳大利亚城市建筑艺术荣誉奖
西澳大利亚金街艺术中心

1997 年
QLD RAIA 旅游奖
QLD 凯恩斯会议中心
QLD RAIA 集合住宅奖
QLD 布里斯班教堂街住宅
新南威尔士 AISC 钢结构设计奖
新南威尔士悉尼星城
澳大利亚首都特区工商管理建筑优秀奖
澳大利亚首都特区堪培拉杜图住宅改造
工程学院设计优秀奖
QLD 凯恩斯会议中心
BHP 优秀设计奖
QLD 凯恩斯会议中心
DULUX 商业设计荣誉奖
QLD 凯恩斯会议中心
RAIA 公共设施设计荣誉奖
西澳大利亚剑桥城镇规划
RAIA 公共设施设计荣誉奖
西澳大利亚中部地区图书馆
RAIA 商业设计荣誉奖

西澳大利亚珀斯储备银行
VIC AISC 建筑钢结构设计奖
VIC 丹得农交通中转站
RAIA 公共设施设计荣誉奖
VIC CARM 中心
LSAA 优秀奖
西澳大利亚 Wanneroo 篮球中心
BHP 优秀奖
QLD 凯恩斯会议中心
QLD RAIA 区域建筑荣誉奖
QLD 教堂街住宅
QLD RAIA 区域建筑荣誉奖
QLD 凯恩斯会议中心

1996 年
LSAA 优秀奖
QLD 布里斯班会议展览中心
工程学院设计优秀奖
QLD 布里斯班会议展览中心
BHP 优秀金奖
QLD 布里斯班会议展览中心
QLD RAPI 金奖证书
QLD 布里斯班会议展览中心
新南威尔士 AISC 荣誉奖
新南威尔士 Strathfield OTEN 公司总部
西澳大利亚 UDIA 城市设计优秀奖
西澳大利亚爱伦布鲁克商业中心
西澳大利亚钢结构桥梁设计奖
西澳大利亚特拉法尔加桥

1995 年
BHP 国家优秀奖
QLD 布里斯班会议展览中心
澳大利亚首都特区工商管理建筑设计优秀奖
澳大利亚首都特区堪培拉娱乐场
新南威尔士 AISC 钢结构设计奖
新南威尔士悉尼国际水上中心
新南威尔士 RAIA 奖
新南威尔士悉尼国际运动中心
澳大利亚首都特区 RAIA 奖
澳大利亚首都特区瓶木旅馆
QLD AISC 钢结构设计奖
QLD 布里斯班教堂街住宅
西澳大利亚城市建筑艺术金奖
西澳大利亚珀斯中心公园
西澳大利亚 UDIA 城市设计优秀奖
西澳大利亚爱伦布鲁克住宅开发
西澳大利亚地产委员会奖
西澳大利亚新加坡航空公司住宅

1994 年
QLD RAPI 设计优秀奖
QLD 布里斯班教堂街住宅
照明工程协会荣誉奖
新南威尔士悉尼国际水上中心
新南威尔士 BHP 钢结构建筑设计奖
新南威尔士北悉尼海洋中心
西澳大利亚钢结构设计奖
西澳大利亚琼达普火车站
西澳大利亚钢结构设计奖
新南威尔士悉尼国际水上中心
西澳大利亚 RAIA 建筑奖
西澳大利亚珀斯 RIO TINTO 开发
RAIA 乔治普尔教堂奖
西澳大利亚珀斯公共汽车站

西澳大利亚 RAIA 公共设施设计奖
西澳大利亚珀斯公共汽车站
澳大利亚地产委员会奖
澳大利亚管理学院二期工程
国家钢结构建筑设计奖
西澳大利亚斯特林和格兰达勒车站

1993 年
IOC 奥林匹克体育建筑奖
国际体育建筑
新南威尔士工商管理住宅设计优秀奖
新南威尔士兰德维奇弗利·格林住宅
新南威尔士 RAIA 城市设计奖
新南威尔士滑铁卢克街设计
RAIA 荣誉奖
西澳大利亚琼达普火车站
西澳大利亚 RAIA 奖
西澳大利亚高级技术制造中心
Quaternario 国际革新奖
VIC 墨尔本 RIO TINTO 开发
维多利亚 RAIA 建筑能源奖
VIC 墨尔本 RIO TINTO 开发
RAIA 泽曼·考文爵士奖
西澳大利亚斯特林火车站
西澳大利亚 RAIA 公共设施设计奖
西澳大利亚琼达普火车站
BHP 钢结构建筑设计奖
西澳大利亚琼达普火车站

1992 年
西澳大利亚 BHP 钢结构建筑设计奖
西澳大利亚米德瓦自行车赛场

1991 年
BHP 十年建筑成就奖
中立区乌卢卢尤拉拉旅游度假村
澳大利亚工商管理建筑设计优秀奖
澳大利亚图书馆总部
澳大利亚首都特区 RAIA 荣誉奖
澳大利亚首都特区堪培拉语法资源中心
西澳大利亚 RAIA 荣誉奖
西澳大利亚珀斯克里尔蒙特大道
西澳大利亚 RAIA 公共设施设计奖
西澳大利亚珀斯基督教学院礼拜中心

1990 年
西澳大利亚 RAIA 荣誉奖
西澳大利亚珀斯金色住宅
1990 年国际 R&D 实验室
VIC 墨尔本 RIO TINTO 开发机构
西澳大利亚 RAIA 室内设计奖
西澳大利亚珀斯 De De Ce 设计中心
澳大利亚地产委员会奖
西澳大利亚珀斯伍德塞德石油公司总部

1989 年
新南威尔士 RAIA 约翰·苏朗爵士设计奖
新南威尔士悉尼展览中心
工程设计优秀奖
新南威尔士悉尼澳大利亚国家海洋博物馆
工程设计优秀奖
澳大利亚首都特区堪培拉布鲁斯体育场
SMH 公共设计奖
新南威尔士悉尼棕榈海滩 Cox 别墅
澳大利亚国家混凝土设计奖
VIC 墨尔本网球中心

致 谢

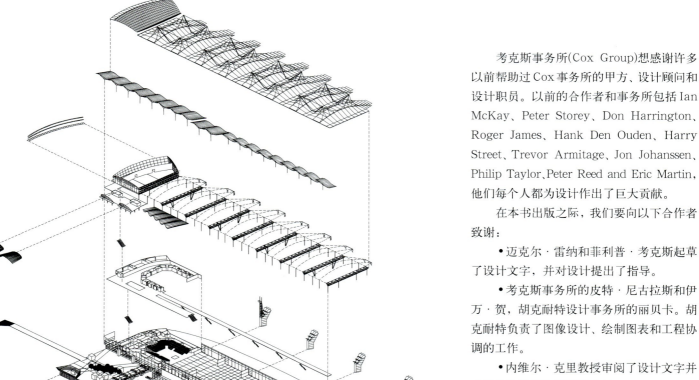

考克斯事务所(Cox Group)想感谢许多以前帮助过Cox事务所的甲方、设计顾问和设计职员。以前的合作者和事务所包括Ian McKay、Peter Storey、Don Harrington、Roger James、Hank Den Ouden、Harry Street、Trevor Armitage、Jon Johanssen、Philip Taylor、Peter Reed and Eric Martin，他们每个人都为设计作出了巨大贡献。

在本书出版之际，我们要向以下合作者致谢：

- 迈克尔·雷纳和菲利普·考克斯起草了设计文字，并对设计提出了指导。
- 考克斯事务所的皮特·尼古拉斯和伊万·贺，胡克耐特设计事务所的丽贝卡·胡克耐特负责了图像设计、绘制图表和工程协调的工作。
- 内维尔·克里教授审阅了设计文字并对结构设计提出了宝贵意见。
- 倪内·奥特马尔和迈克尔·奥图尔对设计文字进行了编辑。
- 格拉汉姆·桑德和佩德里克·宾汉整理了图片。

献词：

这本书要献给年迈的马克斯·杜宾，我们和他度过了漫长而快乐的合作。马克斯·杜宾不仅是一位伟大的摄影家，他还为我们提供了源源不断的灵感源泉。